RICHARD UND GUDRUN DEMMIG

DIFFERENTIALGLEICHUNGEN

17. AUFLAGE

REPETITORIUM HÖHERE MATHEMATIK
DRITTER TEIL

demmig verlag KG

CIP-Kurztitelaufnahme der Deutschen Bibliothek

Demmig, Richard:
Repetitorium höhere Mathematik / Richard u.
Gudrun Demmig. — Nauheim : Demmig

(Demmig-Bücher zum Lernen und Repetieren :
Mathematik — Repetitorien)
Teilw. verf. von Richard Demmig

NE : Demmig, Gudrun :
Teil 3. — Demmig, Richard : Differentialgleichungen

Demmig, Richard:
Differentialgleichungen / Richard u. Gudrun
Demmig. — 17. Aufl. — Nauheim : Demmig, 1981

(Repetitorium höhere Mathematik / Richard u.
Gudrun Demmig : Teil 3) (Demmig-Bücher zum
Lernen und Repetieren : Mathematik :
Repetitorien)
ISBN 3–921092–47–7

NE : Demmig, Gudrun :

Druck von Omnitypie-Gesellschaft Nachf. Leopold Zechnall, Stuttgart

Einteilung

Dritter Teil: Differentialgleichungen

Differentialgleichungen

Eine Differentialgleichung ist eine Gleichung zwischen Veränderlichen, in welcher Differentiale bzw. Differentialquotienten auftreten. Gesucht ist diejenige Funktion, die mit ihren Ableitungen die Differentialgleichung erfüllt.

Kapitel 1. Vorbemerkungen

§1. Einteilung nach Art, Ordnung und Grad

I. Gewöhnliche und partielle Differentialgleichungen

Eine gewöhnliche Differentialgleichung enthält außer der abhängigen Veränderlichen (y) nur eine unabhängige Veränderliche (x), sowie Differentialquotienten $\left(\frac{dy}{dx}, \frac{d^2y}{dx^2}, \ldots\right)$.

$$F\left(x, y, \frac{dy}{dx}, \frac{d^2y}{dx^2}, \ldots\right) = 0$$

allgemeine Form einer gewöhnlichen Differentialgleichung.

Eine partielle Differentialgleichung enhält außer der abhängigen Veränderlichen (z) mehrere unabhängige Veränderliche (x, y), sowie partielle Ableitungen $\left(\frac{\partial z}{\partial x}, \frac{\partial z}{\partial y}, \frac{\partial^2 z}{\partial x^2}, \frac{\partial^2 z}{\partial x \partial y}, \ldots\right)$.

$$F\left(x, y, z, \frac{\partial z}{\partial x}, \frac{\partial z}{\partial y}, \frac{\partial^2 z}{\partial x^2}, \frac{\partial^2 z}{\partial x \partial y}, \ldots\right) = 0$$

allgemeine Form einer partiellen Differentialgleichung.

Anmerkung: Das vorliegende Buch bietet eine Einführung in das Gebiet der gewöhnlichen Differentialgleichungen.

II. Ordnung und Grad einer Differentialgleichung

Eine Differentialgleichung ist n-ter Ordnung, wenn in ihr der n-te Differentialquotient als höchster Differentialquotient auftritt. Somit gibt der höchste in einer Gleichung auftretende Differentialquotient die Ordnung an.
Eine Differentialgleichung ist n-ten Grades, wenn die größte Summe der Exponenten aller abhängigen Veränderlichen und Differentialquotienten in einem Gliede die Zahl n ergibt.

1. Beispiel

$$4x^5y^2 + 2y\left(\frac{dy}{dx}\right)^2 \cos x - 5y + 7 = 0$$

ist eine gewöhnliche Differentialgleichung 1. Ordnung und 3. Grades.

2. Beispiel

$$\frac{d^2y}{dx^2} + 4x\frac{dy}{dx} - y = 0$$

ist eine gewöhnliche Differentialgleichung 2. Ordnung und 1. Grades oder — anders ausgedrückt — eine gewöhnliche lineare Differentialgleichung 2 Ordnung.

§ 2. Aufstellen und Lösen von Differentialgleichungen

I. Was heißt: „Lösen einer Differentialgleichung"?

Eine gewöhnliche Differentialgleichung 1. Ordnung $F\left(x, y, \frac{dy}{dx}\right) = 0$ lösen oder auflösen heißt, als Lösung eine Funktionsgleichung $y = f(x) + C$ auffinden, die sich durch Differenzieren wieder in die gegebene Gleichung überführen läßt.
Die Lösung $y = f(x) + C$ heißt Grundgleichung oder Integral der gegebenen Differentialgleichung.
Die Kurve, die durch die gefundene Grundgleichung dargestellt

wird, heißt <u>Grundkurve</u> <u>oder</u> <u>Integralkurve</u>.

1. Beispiel

<u>Gegeben</u>: $\frac{dy}{dx} - 3x = 0$ Differentialgleichung 1 Ordnung, 1. Grades.

<u>Gesucht</u>: Die Grundgleichung.

<u>Behauptung</u>: $y = \frac{3x^2}{2} + C$ ist die Grundgleichung.

<u>Beweis</u>: Differenziert man die Grundgleichung $y = \frac{3x^2}{2} + C$,

so erhält man $\frac{dy}{dx} = 3x$

oder die gegebene Differentialgleichung $\frac{dy}{dx} - 3x = 0$.

2. Beispiel

<u>Gegeben</u>: $xy'' - y' = x^2 e^x$ lineare Differentialgleichung 2. Ordnung [1].

<u>Gesucht</u>: Die Grundgleichung.

<u>Behauptung</u>: $y = (x-1)e^x + C_1 x^2 + C_2$ ist die Grundgleichung

<u>Beweis</u>: Differentiation der Grundgleichung ergibt

$$y' = (x-1)e^x + e^x + 2C_1 x = xe^x + 2C_1 x$$

$$y'' = xe^x + e^x + 2C_1$$

Daraus folgt:

$$xy'' - y' = x(xe^x + e^x + 2C_1) - xe^x - 2C_1 x = x^2 e^x$$

Dies ist die gegebene Differentialgleichung.

Man achte bei den Beispielen auf die auftretenden „Integrationskonstanten" in den Lösungen Die Grundgleichung ist also nicht die Funktionsgleichung einer einzigen Kurve, sondern einer ganzen <u>Kurvenschar</u>.

Jn der Lösung der Differentialgleichung 1. Ordnung des 1. Beispiels tritt nur eine Konstante auf, in der Lösung der Differentialgleichung

---

1) Statt der Symbole $\frac{dy}{dx}, \frac{d^2y}{dx^2}, \ldots$ werden im Folgenden häufig die Abkürzungen $y', y'', \ldots$ benutzt.

2. Ordnung des 2. Beispiels sind es jedoch zwei. Wir werden in den folgenden Kapiteln auf diese Tatsache näher eingehen.

II. Drei Arten von Lösungen

1) Allgemeine Lösung

Bleiben die Integrationskonstanten unermittelt, so heißt y die allgemeine Lösung oder das allgemeine Integral der Differentialgleichung. Die allgemeine Lösung einer Differentialgleichung 1. Ordnung hat die Form $y = f(x) + C$ mit einer willkürlichen Konstanten C. Geometrisch stellt die allgemeine Lösung einer Differentialgleichung eine Schar von Kurven dar.

2) Spezielle oder partikuläre Lösung

Gibt man der Konstanten C einen bestimmten Wert, so heißt die Lösung eine spezielle Lösung der Differentialgleichung. C kann z. B. aus der Bedingung ermittelt werden, daß die Grundkurve durch einen bestimmten Punkt $P(x_1, y_1)$ gehen soll:

Aus der Bedingung: Für $x = x_1$ ist $y = y_1$ erhält man durch Einsetzen in die Gleichung $y = f(x) + C$

die Gleichung: $y_1 = f(x_1) + C$

und hieraus: $C = y_1 - f(x_1)$.

Setzt man diesen Wert für C in die Gleichung $y = f(x) + C$ ein, so erhält man: $y = f(x) + y_1 - f(x_1)$, eine spezielle Lösung.

Geometrisch stellt eine spezielle Lösung der Differentialgleichung eine Kurve der (durch die allgemeine Lösung der Differentialgleichung gegebenen) Kurvenschar dar.

3) Singuläre Lösung

Die allgemeine Lösung einer Differentialgleichung stellt eine Schar von Kurven dar. Besitzt diese Kurvenschar eine Hüllkurve [1], so be-

---

[1] siehe R. Demmig: „Differentialrechnung", Kapitel 3, § 7.

zeichnet man die Gleichung dieser Hüllkurve als singuläre Lösung der vorgelegten Differentialgleichung.

Die singuläre Lösung enthält keine willkürliche Integrationskonstante mehr.

1. Beispiel

Die allgemeine Lösung der Differentialgleichung

$$\frac{dy}{dx} - 3x = 0$$

ist eine Parabelschar $y = \frac{3x^2}{2} + C$.

C ist der Scharparameter. Die Parabeln sind alle kongruent und gegenüber der Parabel durch den Koordinatenursprung um C in y-Richtung verschoben.

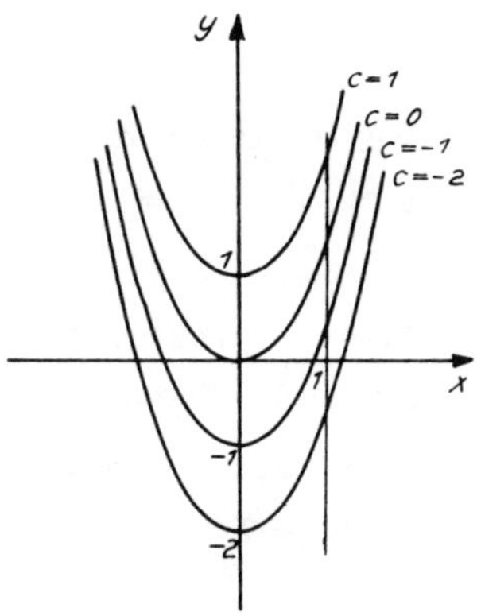

Aus der Bedingung, daß die Lösungskurve etwa durch den Punkt (1,1) gehen soll, erhält man

$$C = 1 - \frac{3}{2} = -\frac{1}{2}$$

und somit die <u>spezielle Lösung</u>

$$y = \frac{3x^2}{2} - \frac{1}{2} = \frac{3x^2 - 1}{2} .$$

Die Differentialgleichung gibt die Tangentensteigung sämtlicher Kurven im Punkt mit der Abszisse x an.
($z.B.$ bei $x = 1$ ist $y' = 3$).

2. Beispiel

Die <u>allgemeine Lösung</u> der Differentialgleichung 1. Ordnung

$$y^2 + (y\,y')^2 = 4$$

lautet:

$$y^2 = 4 - (x-C)^2$$

Dies läßt sich durch implizites Differenzieren und Einsetzen in die Differentialgleichung schnell bestätigen:

$$2yy' = -2(x-C) \quad \rightarrow \quad (yy')^2 = (x-C)^2$$

$$y^2 + (yy')^2 = 4 - (x-C)^2 + (x-C)^2 = 4$$

Die Lösung ist eine Kreisschar mit Radius 2, deren Mittelpunkte bei $x = C$ auf der x-Achse liegen.

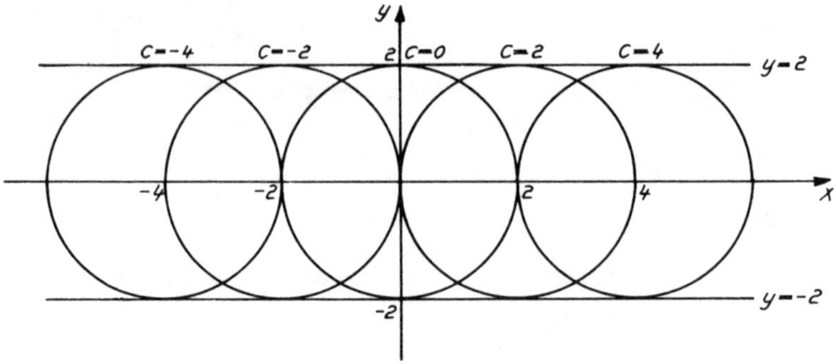

Die Kreisschar besitzt zwei Hüllkurven, nämlich die Geraden $y = \pm 2$. Diese sind ebenfalls Lösung der Differentialgleichung:

$$y^2 = 4, \quad y' = 0 \quad \rightarrow \quad y^2 + (yy')^2 = 4 .$$

Da sie jedoch nicht in der allgemeinen Lösung enthalten sind, sind sie singuläre <u>Lösungen</u>.

Man beachte besonders, daß jeder Punkt der singulären Lösungen zu einer anderen speziellen Lösung gehört.

III. Aufstellen von Differentialgleichungen

Bisher haben wir zu einer gegebenen Differentialgleichung die allgemeine Lösung bestimmt, vorerst allerdings ohne auf die Lösungsmethoden einzugehen.

Jetzt wollen wir umgekehrt zu einer gegebenen Kurvenschar mit Hilfe ihrer Funktionsgleichung die zugehörige Differentialgleichung ermitteln. Hierbei muß man durch Differenzieren der Funktionsgleichung eine Gleichung zwischen x, y und y' aufstellen.

1. Beispiel

Die gegebene Kurvenschar umfaßt alle Geraden durch den Koordinatenursprung.
Wie lautet die Differentialgleichung der Kurvenschar?

Lösung:

Die Gleichung der Geradenschar lautet:

$$y = C \cdot x \quad ,$$

wobei C der Scharparameter ist, der geometrisch gesehen die Steigung der Geraden angibt.

$$y = C \cdot x \quad \rightarrow \quad y' = C \quad .$$

Da aus $y = C \cdot x$ folgt $C = \frac{y}{x}$, lautet die gesuchte Differentialgleichung

$$y' = \frac{y}{x} \quad ;$$

oder in Worten: die Steigung ist in jedem Punkt gleich dem Verhältnis von Ordinate zu Abszisse.

2. Beispiel

Die Kurvenschar umfaßt alle Kreise, die die y-Achse berühren und deren Mittelpunkte auf der x-Achse liegen.

Lösung:

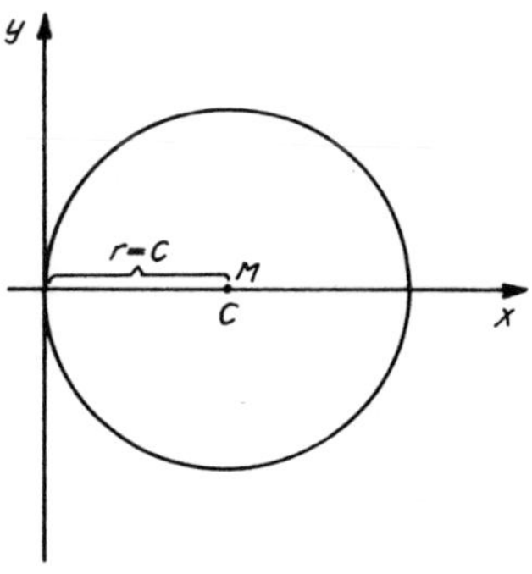

Aus der Geometrie folgt:

$M = (C/0)$ und $r = C$.

Dies ergibt die Funktionsgleichung:

$$(x-C)^2 + y^2 = C^2 \quad .$$

Implizit differenzieren:

$$2(x-C) + 2yy' = 0$$

$$\rightarrow \qquad y' = \frac{C-x}{y} \quad .$$

Dies ist noch nicht der gesuchte Zusammenhang zwischen x, y

und y', da die Gleichung außerdem noch die willkürliche Konstante C enthält, die aber erst beim Lösen der Differentialgleichung als Integrationskonstante auftaucht. C muß mit Hilfe der Funktionsgleichung eliminiert werden:

$$(x-C)^2+y^2=C^2 \rightarrow x^2-2Cx+C^2+y^2=C^2$$

$$C=\frac{x^2+y^2}{2x}$$

$$C-x=\frac{x^2+y^2}{2x}-x=\frac{y^2-x^2}{2x}.$$

Setzt man dies in y' ein, so erhält man die gesuchte Differentialgleichung

$$y'=\frac{y^2-x^2}{2xy}.$$

(Der Leser möge in beiden Fällen durch Einsetzen der Funktionsgleichung die Richtigkeit der Differentialgleichung nachprüfen).

Kapitel 2. Differentialgleichungen 1. Ordnung

§1. Allgemeines

I. Definition

> Eine Differentialgleichung 1. Ordnung ist eine solche, in der nur der erste Differentialquotient $\frac{dy}{dx}$ auftritt. Ferner können x und y in der Gleichung vorkommen. Die Lösung enthält <u>eine</u> Integrationskonstante.

II. Formen einer Differentialgleichung 1. Ordnung

Eine Differentialgleichung 1. Ordnung läßt sich in folgenden 3 allgemeinen Formen schreiben:

1) $F\left(x, y, \frac{dy}{dx}\right) = 0$,

2) $\frac{dy}{dx} = f(x,y)$,

3) $M(x,y)dx + N(x,y)dy = 0$, wobei $M(x,y)$ und $N(x,y)$ Funktionen von x und y sind.

Beispiel

Die in der ersten Form gegebene Differentialgleichung

$$ye^x \frac{dy}{dx} - x - xy = 0$$

ist in die beiden anderen Formen zu überführen.

Lösung:

a) Auflösen nach $\frac{dy}{dx}$:

$$\frac{dy}{dx} = \frac{x+xy}{ye^x}$$

$$\frac{dy}{dx} = \frac{x(1+y)}{ye^x}\ , \qquad f(x,y) = \frac{x(1+y)}{ye^x}$$

b) Multiplikation der ursprünglichen Gleichung mit dx :

$$ye^x\frac{dy}{dx} - x(1+y) = 0 \quad \Big| \cdot dx$$

$$ye^x dy - x(1+y)dx = 0$$

$$M(x,y) = -x(1+y)\ , \qquad N(x,y) = ye^x$$

Falls die Differentialgleichung — auf die zweite Form gebracht — als rechte Seite eine Funktion $f(x)$ von x allein besitzt, läßt sie sich direkt durch Integration lösen.

III. Lösen von einfachen Differentialgleichungen durch Integration

1. Beispiel

Gegeben : $\frac{dy}{dx} - 3x = 0$

Gesucht : Allgemeine Lösung.

Lösung : $\frac{dy}{dx} = 3x$

$$y = \int 3x\,dx = \frac{3x^2}{2} + C$$

2. Beispiel

Gegeben : $y\,dy + \frac{dx}{x} + 4dx = 0$

Gesucht : Allgemeine Lösung.

Lösung :

$$\int y\,dy + \int\frac{dx}{x} + \int 4dx = 0$$

$\frac{y^2}{2} + \ln x + 4x + C = 0$ ist die Grundgleichung

3. Beispiel

Gegeben: $\frac{d^2y}{dx^2} - x = 0$

Gesucht: Allgemeine Lösung

Lösung: Die Differentialgleichung wird interpretiert als Differentialgleichung 1 Ordnung für $\frac{dy}{dx}$

1. Jntegration: $\frac{d^2y}{dx^2} = x \longrightarrow \frac{dy}{dx} = \frac{x^2}{2} + C_1$

2. Jntegration: $y = \int\left(\frac{x^2}{2} + C_1\right)dx = \frac{x^3}{6} + C_1 x + C_2$

IV. Vorbemerkung zu den Methoden

Die Methoden zur Lösung von Differentialgleichungen sind sehr zahlreich. Jhre Auswahl richtet sich nach der Art der Differentialgleichung. Die „inhomogene, nichtlineare" Differentialgleichung 1. Ordnung

$$y' = x^2 + y^2$$

kann bereits nicht mehr mit elementaren Methoden gelöst werden.

Eine Sonderstellung nimmt das „Jsoklinenverfahren", eine zeichnerische Lösungsmethode ein, die hier noch vor den rechnerischen Methoden behandelt werden soll.

§ 2. Jsoklinenverfahren

I. Definition

Die Isoklinen einer Differentialgleichung 1. Ordnung sind die Kurven, auf denen die 1. Ableitung konstant ist. Sämtliche Lösungskurven schneiden also eine Isokline mit der gleichen Tangentensteigung.

II. Das Wesen dieser Methode

Das Isoklinenverfahren ist ein zeichnerisches Verfahren zur näherungsweisen Bestimmung der Lösungen von Differentialgleichungen 1. Ordnung. Man bestimmt zunächst die Isoklinenschar der gegebenen Differentialgleichung und legt dann durch diese Kurvenschar die Lösungskurven so, daß sie die Isoklinen mit der jeweiligen zugehörigen Tangentensteigung schneiden.

III. Rechnungsgang

In der Differentialgleichung

$$y' = f(x,y)$$

setzt man die 1. Ableitung = Tangentensteigung konstant gleich k. Dann erhält man die Gleichung derjenigen Isoklinen, auf der die Steigung der Lösungskurven gleich k ist.
Betrachtet man k als variabel, dann stellt die Gleichung

$$k = f(x,y)$$

die Gleichung der Isoklinenschar in impliziter Form dar. k ist der Scharparameter.

IV. Beispiele

1. Beispiel

Gegeben: $y' = y - x$

Gesucht: Isoklinenschar und Skizze der Lösungskurven.

Lösung: Gleichung der Isoklinenschar

$$k = y - x \quad \text{bzw.} \quad y = x + k \quad .$$

Die Isoklinen sind also zur Winkelhalbierenden $y = x$ parallele Geraden; k ist gleichzeitig die

Steigung der Lösungskurven :

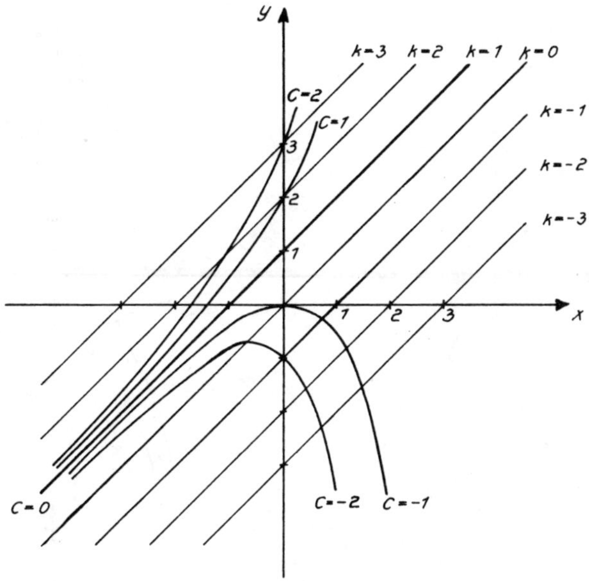

Die Gerade $y = x+1$ tritt als Sonderfall der Lösungskurven auf und ist gleichzeitig Asymptote aller übrigen Lösungskurven. Wie sich später zeigen wird, lautet die allgemeine Lösung der Differentialgleichung

$$y = Ce^{x} + x + 1 \quad .$$

2. Beispiel

<u>Gegeben</u> : $y' = x \cdot y$

<u>Gesucht</u> : Jsoklinenschar und Skizze der Lösungskurven .

<u>Lösung</u> : Gleichung der Jsoklinenschar :

$$k = x \cdot y \quad \text{bzw.} \quad y = \frac{k}{x} \quad .$$

Die Jsoklinen sind gleichseitige Hyperbeln mit den Koordinatenachsen als Asymptoten .

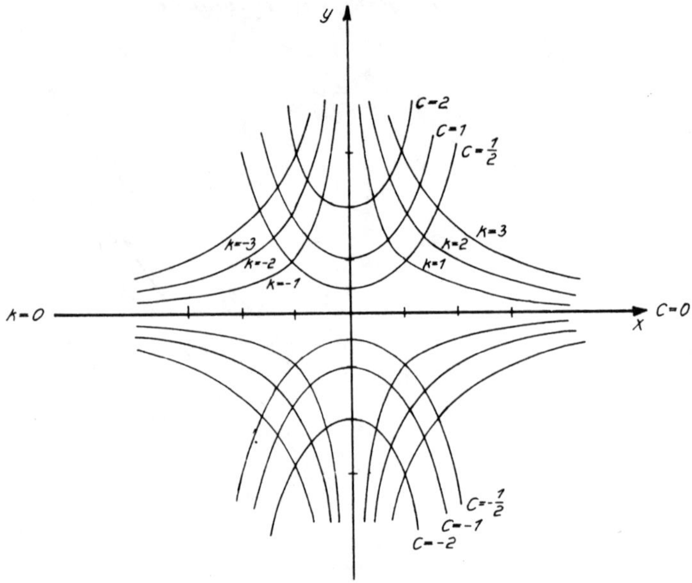

Die Lösungskurven sind symmetrisch zu den Koordinatenachsen. Ein Grenzfall ist die x-Achse $y=0$. Die allgemeine Lösung lautet — wie sich später zeigen wird:

$$y = Ce^{\frac{x^2}{2}} .$$

3. Beispiel

<u>Gegeben</u> : $y' = x^2 + y^2$

<u>Gesucht</u> : Jsoklinenschar und Skizze der Lösungskurven, die die y-Achse bei -1, 0, 1 schneiden.

<u>Lösung</u> : Gleichung der Jsoklinenschar

$$k = x^2 + y^2$$

Die Jsoklinen sind Kreise um den Koordinatenursprung mit dem Radius $\sqrt{k}$.

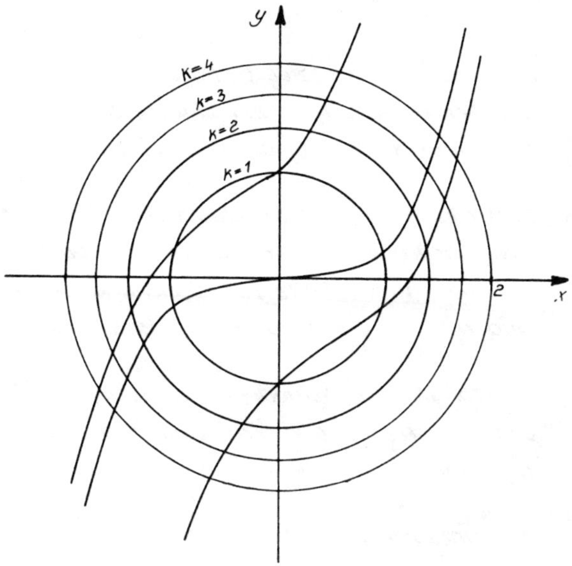

§ 3. Trennung der Variablen,

eine Methode zur Lösung einer Differentialgleichung 1. Ordnung.

I. Das Wesen dieser Methode

Die Trennung der Variablen ist die einfachste rechnerische Lösungsmethode für Differentialgleichungen 1. Ordnung. Sie wird wenn immer möglich angewendet, d.h. immer dann, wenn sich die Variablen x und y so trennen lassen, daß auf der einen Seite der Differentialgleichung alle Ausdrücke, die y enthalten, mit dem Differential dy und auf der anderen Seite alle Ausdrücke, die x enthalten, mit dem Differential dx stehen.

II Rechnungsgang

[0] Man formt die vorgelegte Differentialgleichung so um, daß man dx mit seinen Faktoren und dy mit seinen Faktoren zusammenfaßt, d.h. man klammert dx und dy aus.

[1] Man trennt dx und dy durch das Gleicheitszeichen, indem man den Ausdruck mit dx auf die eine und den Ausdruck mit dy auf die andere Seite der Gleichung bringt. Dabei müssen dx und dy im Zähler stehen, falls Brüche auftreten.

[2] Man bringt alle Veränderlichen x auf die Seite der Gleichung, auf der dx steht; alle Veränderlichen y auf die Seite, auf welcher dy steht.

[3] Man integriert beide Seiten.

II. Beispiele

1. Beispiel

Gegeben: $y \cdot dx - x \cdot dy = 0$

Gesucht: Allgemeine Lösung der Differentialgleichung.

Lösung: [1] $y \cdot dx = x \cdot dy$

[2] $\frac{dx}{x} = \frac{dy}{y}$

[3] $\int \frac{dx}{x} = \int \frac{dy}{y}$

$\ln x = \ln y + C_1$ Hierbei ist C_1 die Zusammenfassung der Integrationskonstanten beider Integrale. Der Zweckmäßigkeit halber setzt man die hier auftretende Konstante $C_1 = \ln C$.

$$\ln x = \ln y + \ln C$$
$$\ln x = \ln (C \cdot y)$$
$$x = C \cdot y$$
$$y = \frac{x}{C} .$$

Ergebnis : Die allgemeine Lösung der gegebenen Differentialgleichung lautet :

$$y = \frac{x}{C} .$$

Kontrolle : Man differenziert $y = \frac{x}{C}$ und erhält $\frac{dy}{dx} = \frac{1}{C}$.

Man setzt $C = \frac{x}{y}$ ein und erhält $\frac{dy}{dx} = \frac{y}{x}$

$$x\,dy = y\,dx$$

oder $y\,dx = x\,dy$

2. Beispiel

Gegeben : $3x^2 + ax - 5\frac{dy}{dx} = 0$

Gesucht : Allgemeine Lösung .

Lösung : [0] $dx\,(3x^2 + ax) - 5dy = 0$

[1][2] $dx\,(3x^2 + ax) = 5dy$

[3] $\int (3x^2 + ax)\,dx = 5\int dy$

$$\frac{3x^3}{3} + \frac{ax^2}{2} = 5y + C$$

$$y = \frac{x^3}{5} + \frac{ax^2}{10} - \frac{C}{5} .$$

Ergebnis : Die allgemeine Lösung der gegebenen Differentialgleichung lautet :

$$y = \frac{x^3}{5} + \frac{ax^2}{10} - \frac{C}{5} .$$

Da $-\frac{C}{5}$ genau wie C eine beliebige Konstante ist, kann man hier $-\frac{C}{5}$ auch wieder in C umbenennen und erhält dann das vereinfachte Ergebnis

$$y = \frac{x^3}{5} + \frac{ax^2}{10} + C .$$

3. Beispiel

Gegeben : $ye^x \frac{dy}{dx} - x - xy = 0$ (Beispiel von S. 13)

Gesucht : Allgemeine Lösung .

Lösung :
[0] $ye^x dy - x(1+y)dx = 0$

[1] $ye^x dy = x(1+y)dx$

[2] $\frac{y}{1+y} dy = xe^{-x}dx$

[3] $\int \frac{y}{1+y} dy = \int xe^{-x}dx$

Das Integral auf der linken Seite wird durch Zerlegung des Integranden $\frac{y}{1+y} = 1 - \frac{1}{1+y}$ gelöst, das rechte Integral durch partielle Integration $u = x$, $du = dx$, $dv = e^{-x}dx$, $v = -e^{-x}$.

$$y - \ln(1+y) = -e^{-x}(x+1) + C$$.

Die Gleichung kann nicht durch algebraische Umformungen nach y aufgelöst werden .

4. Beispiel

Man bestimme die Gleichung der Kurven , für die die Subnormale konstant ist , für die also $S_n = a$ ist .

Aufstellen der Differentialgleichung .

Aus der Differential-Rechnung , Kapitel 3, §4 , ist bekannt: $S_n = y \cdot y'$.

Laut Aufgabe soll sein : $S_n = a$.

Somit erhält man die Differentialgleichung $y \cdot y' = a$

oder $y \cdot \frac{dy}{dx} = a$.

Lösung der Differentialgleichung .

[1] [2] $y \cdot dy = a \cdot dx$

3 $\int y \cdot dy = a \int dx$

$\frac{y^2}{2} = ax + \frac{C}{2}$ Die auftretende Konstante ist zweckmäßigerweise $= \frac{C}{2}$ gesetzt.

$y^2 = 2ax + C$ Gleichung einer Parabel.

Ergebnis

Bei den Parabeln von der Gleichung $y^2 = 2ax + C$ ist die Länge der Subnormalen konstant $= a$.

5. Beispiel

Man bestimme die Gleichung der Kurven, für welche die Subtangente konstant ist, also für welche $S_t = a$.

Aufstellen der Differentialgleichung.

Aus der Differential-Rechnung, Kapitel 3, § 4, ist bekannt:

$S_t = \frac{y}{y'}$.

Laut Aufgabe soll sein $S_t = a$

So erhält man die Differentialgleichung $\frac{y}{y'} = a$

oder $y = a \cdot \frac{dy}{dx}$.

Lösung der Differentialgleichung.

1 $y \cdot dx = a \cdot dy$

2 $\frac{dx}{a} = \frac{dy}{y}$

3 $\frac{1}{a} \int dx = \int \frac{dy}{y}$

$\frac{x}{a} = \ln y - \ln C = \ln \frac{y}{C}$ Die auftretende Konstante wurde zweckmäßigerweise $= -\ln C$ gesetzt.

$\frac{y}{C} = e^{\frac{x}{a}}$

$y = C \cdot e^{\frac{x}{a}}$

Ergebnis

Bei den Exponentialkurven von der Gleichung $y = C \cdot e^{\frac{x}{a}}$ ist die Subtangente konstant $= a$.

6. Beispiel

Ein Kapital k wird mit $p\,\%$ pro Jahr verzinst. Am Anfang (zur Zeit $t = 0$) beträgt es k_0 .
Wie groß ist das Kapital zu einem späteren Zeitpunkt, wenn man zur Vereinfachung annimmt, daß es kontinuierlich — und nicht nur zum Jahresende — verzinst wird?

Aufstellen der Differentialgleichung.

Zunahme des Kapitals pro Jahr : $\Delta k = \frac{p}{100} k$.

Zunahme des Kapitals in der Zeiteinheit :

$$\frac{dk}{dt} = \rho \cdot k \quad .$$

Lösung der Differentialgleichung.

[1][2] $$\frac{dk}{k} = \rho dt$$

[3] $$\int \frac{dk}{k} = \rho \int dt$$

$$\ln k = \rho \cdot t + \ln C$$

$$k = C e^{\rho \cdot t}$$

C hat dabei die Bedeutung des Kapitals zur Zeit $t = 0$, also: $C = k_0$.

Ergebnis

$$k = k_0 e^{\rho \cdot t}$$

Die Zeit t ist etwa als Anzahl Jahre einzusetzen.
Nach einem Jahr beträgt das neue Kapital

$$k = k_0 e^{\rho \cdot 1} \qquad = k_0 \left(1 + \frac{p}{100}\right)$$

Daraus folgt :

$$\rho = \ln\left(1 + \frac{p}{100}\right) / \text{Jahr} .$$

7. Beispiel

Ein Körper von der Temperatur T kühlt sich in einem ihn umumgebenden Medium von der Temperatur $T_0 < T$ kontinuierlich ab. Die Temperatur der Umgebung soll dabei konstant bleiben. Die vom speziellen Fall abhängige Wärmeleitfähigkeit soll durch eine Konstante k berücksichtigt werden.
Zur Zeit $t = 0$ sei die Temperatur des Körpers T_k.
Wie groß ist sie zu einem späteren Zeitpunkt ?
Der Temperaturverlauf ist zu skizzieren.

Aufstellen der Differentialgleichung.

Die Änderung der Temperatur pro Zeiteinheit ist proportional zur Temperaturdifferenz $T - T_0$.
Da es sich um eine Temperaturabnahme handelt, ist $\frac{dT}{dt} < 0$.
Der Proportionalitätsfaktor ist k.

$$\frac{dT}{dt} = -k(T - T_0) .$$

Lösung der Differentialgleichung.

[1] [2] $$\frac{dT}{T - T_0} = -k\,dt$$

[3] $$\int \frac{dT}{T - T_0} = -k \int dt$$

$$\ln(T - T_0) = -k \cdot t + \ln C$$

$$T - T_0 = Ce^{-kt}$$

$$T = T_0 + Ce^{-kt}$$

Zur Zeit $t = 0$ soll $T = T_k$ sein :

$$T_k = T_0 + C \quad \longrightarrow \quad C = T_k - T_0 .$$

Ergebnis

$$T = T_0 + (T_K - T_0)\,e^{-kt}$$

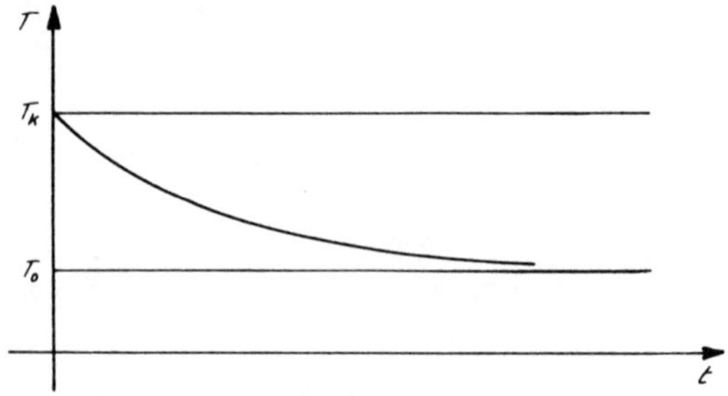

IV. Übungsaufgaben

1) $\dfrac{dy}{dx} = x \cdot y$ Lösung: $y = Ce^{\frac{x^2}{2}}$

2) $\tan x \cdot (1+y)\dfrac{dy}{dx} - \sin x = 0$ $y + \dfrac{y^2}{2} = \sin x + C$

3) $(1 - y - x^2 + yx^2)\,y' = 1 - x$ $y - \dfrac{y^2}{2} = \ln(1+x) + C$

4) $e^{x+y}\dfrac{dy}{dx} = \sin x$ $e^y = -\dfrac{1}{2}(\sin x + \cos x)e^{-x} + C$

§4 Orthogonale Trajektorien [1]

I. Definition

Unter den orthogonalen Trajektorien versteht man die zu einer gegebenen Kurvenschar gehörige zweite Kurvenschar, sodaß jede Kurve der einen Schar jede Kurve der anderen Schar unter einem rechten Winkel schneidet.

1) orthogonal = senkrecht, Trajektorien von traicere = durchschneiden.

II Rechnungsgang.

Gegeben ist die Gleichung der ersten Kurvenschar. Hier handelt es sich stets um „einparametrige" Kurvenscharen (Die Schargleichung enthält nur eine freie Konstante). Jhre Kurven überdecken die (x,y)-Ebene, schneiden sich aber nirgendwo, d.h. durch jeden Punkt geht genau eine Kurve der Schar hindurch.

Die Bedingung für das Senkrechtstehen zweier Kurven lautet:

$$(1) \qquad m_2 = -\frac{1}{m_1} \quad ,$$

wobei m_1 und m_2 die Steigungen der Kurven im Schnittpunkt sind.

Die Steigung m_1 erhält man durch Differentiation der Gleichung der gegebenen Kurvenschar.

$$(2) \qquad m_1 = y' = f(x,y) \quad .$$

Aus der 1. Ableitung muß wiederum, wie schon zuvor in Kapitel 1, §2 beim Aufstellen von Differentialgleichungen die Konstante C mit Hilfe der Funktionsgleichung eliminiert sein.

Aus den Gleichungen (1) und (2) erhält man die Differentialgleichung für die Schar der orthoganalen Trajektorien.

$$y' = -\frac{1}{f(x,y)} \quad .$$

[1] Gleichung der gegebenen Schar differenzieren und nach y' auflösen.

[2] Den Scharparameter mit Hilfe der Funktionsgleichung eliminieren $\rightarrow y' = f(x,y)$.

[3] Differentialgleichung für orthogonale Trajektorien

$$y' = -\frac{1}{f(x,y)} \quad .$$

III. Beispiele

1. Beispiel

Gegeben: Kurvenschar $x^2 + y^2 = C_1^2$.

<u>Gesucht</u> : Orthogonale Trajektorien und Bild der beiden Kurvenscharen .

<u>Lösung</u> :

[1] Implizit differenzieren : $2x + 2yy' = 0$

$$\rightarrow \quad y' = -\frac{x}{y} \; .$$

[2] entfällt .

[3] Differentialgleichung der orthogonalen Trajektorien :

$$y' = \frac{y}{x} \; .$$

Lösung der Differentialgleichung durch Trennung der Variablen :

$$\frac{dy}{dx} = \frac{y}{x} \; .$$

$$\frac{dy}{y} = \frac{dx}{x} \quad \rightarrow \quad \int \frac{dy}{y} = \int \frac{dx}{x}$$

$$\ln y = \ln x + \ln C_2$$

<u>Ergebnis</u> : $\underline{y = C_2 x}$

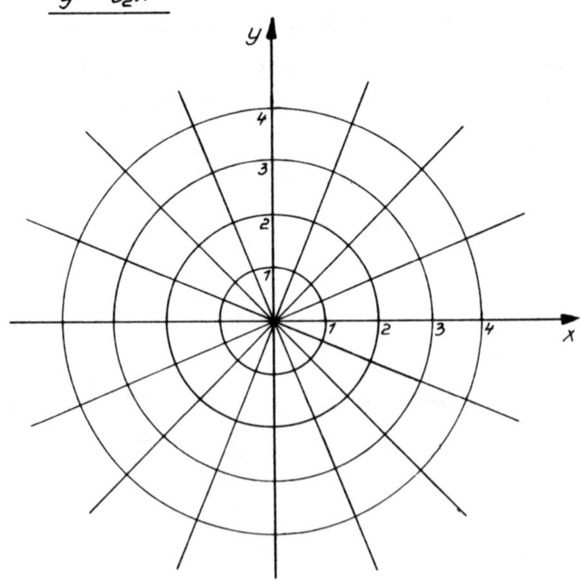

Gezeichnet sind die Kurven mit den Parameterwerten $C_1 = 1, 2, 3, 4$ und $C_2 = 0, \pm\frac{1}{2}, \pm 1, \pm 2$.

2. Beispiel

Gegeben : $y^2 = x + C_1$

Gesucht : Orthogonale Trajektorien und Bild der beiden Kurvenscharen .

Lösung : **1** $2yy' = 1 \quad \rightarrow \quad y' = \frac{1}{2y}$

2 entfällt

3 Differentialgleichung der orthogonalen Trajektorien :

$y' = -2y$

Lösung der Differentialgleichung durch Trennung der Variablen :

$$\frac{dy}{dx} = -2y$$

$$\frac{dy}{y} = -2dx \qquad \int \frac{dy}{y} = -2\int dx$$

$$\ln y = -2x + \ln C_2$$

Ergebnis : $y = C_2 e^{-2x}$

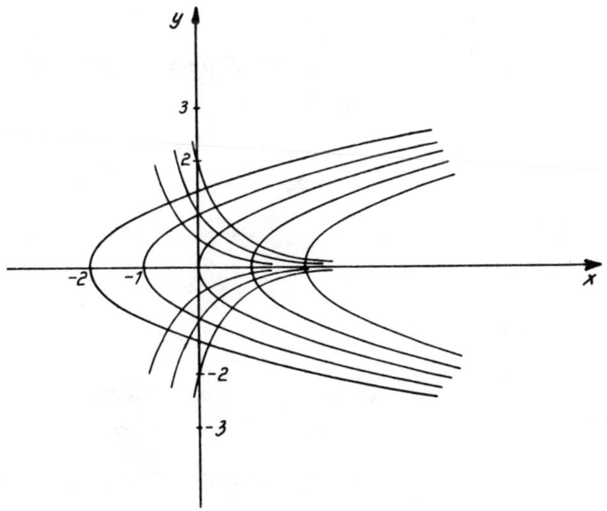

Dargestellt sind die Kurven mit den Parameterwerten $C_1 = 0, \pm 1, \pm 2$ und $C_2 = 0, \pm \frac{1}{2}, \pm 1, \pm 2$.

3. Beispiel

Gegeben : $y = \frac{C_1}{x}$.

Gesucht : Orthogonale Trajektorien und Bild der beiden Kurvenscharen .

Lösung : [1] $y' = -\frac{C_1}{x^2}$

[2] $C_1 = x \cdot y \quad \longrightarrow \quad y' = -\frac{y}{x}$.

[3] Differentialgleichung der orthogonalen Trajektorien : $y' = \frac{x}{y}$.

Lösung der Differentialgleichung durch Trennung der Variablen : $\frac{dy}{dx} = \frac{x}{y}$

$$y\,dy = x\,dx \qquad \int y\,dy = \int x\,dx$$

$$\frac{y^2}{2} = \frac{x^2}{2} + \frac{C^2}{2}$$

Ergebnis : $y^2 - x^2 = C_2$

Die orthogonalen Trajektorien sind gleichseitige Hyperbeln mit den Asymptoten $y = \pm x$.

Die Asymptoten selbst sind in der Kurvenschar mit enthalten für den Parameterwert $C_2 = 0$.

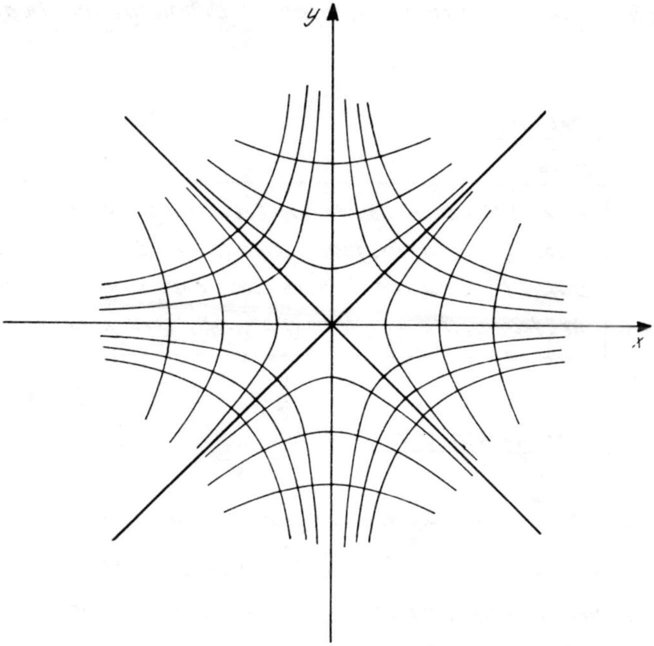

Dargestellt sind die Kurven mit den Parameterwerten

$C_1 = 0, \pm 1, \pm 2, \pm 3$ und $C_2 = 0, \pm 1, \pm 4, \pm 9$.

IV. Übungsaufgaben

1) $x^2 + 4y^2 = C_1^2$ — Differentialgleichung der orthogonalen Trajektorien: $y' = 4\frac{y}{x}$

Lösung: $y = C_2 x^4$

2) $y = C_1 \sin x$ — Dgl. der orth. Traj.: $y' = -\frac{\tan x}{y}$

Lösung: $\frac{y^2}{2} = \ln(C \cdot \cos x)$

3) $y = C_1 \ln x$ — Dgl. der orth. Traj.: $y' = -\frac{x \cdot \ln x}{y}$

Lösung: $y^2 = -\frac{x^2}{2}(2\ln x - 1) + C_2$

§ 5 Differentialgleichungen 1. Ordnung von homogenem Grade

I. Definition

> Eine Differentialgleichung 1. Ordnung heißt homogen vom n-ten Grade, wenn in jedem Gliede der Gleichung ein Differential auftritt, und die Summe der Exponenten der Veränderlichen in jedem Gliede gleich groß ist, und zwar = n.

II. Das Wesen der Methode

Die homogene Differentialgleichung von n-tem Grade hat die Form

$$M(x,y)dx + N(x,y)dy = 0 \,,$$

wobei $M(x,y)$ und $N(x,y)$ beide homogen von n-tem Grade sind.

Aufgelöst nach $\frac{dy}{dx}$ ergibt dies:

$$\frac{dy}{dx} = -\frac{M(x,y)}{N(x,y)} \,.$$

Da Zähler und Nenner beide von n-tem Grade sind, folgt, daß $\frac{dy}{dx}$ homogen von 0-tem Grade ist.
Die Integration erhöht den Grad einer Funktion um 1, somit ist die gesuchte Funktion $y(x)$ homogen von 1. Grade. Man kommt so auf den Ansatz

$$y = x \cdot z \,,$$

wobei der zweite Faktor z nur noch von 0-tem Grade ist.
Dieser, durch eine plausible Überlegung gefundene Ansatz führt immer zur Lösung der Differentialgleichung von homogenen Grade, denn diese läßt sich nun durch Trennung der Variablen nach z auflösen.

Beweis:

$$y = x \cdot z \qquad \text{und} \qquad dy = x\,dz + z\,dx$$

werden in die Differentialgleichung eingesetzt:

$$M(x, x\cdot z)dx + N(x, x\cdot z)\cdot(xdz + zdx) = 0 \quad .$$

Da M und N homogene Funktionen von n-tem Grade sind, läßt sich bei beiden das x in Form von x^n ausklammern. Dies ergibt:

$$x^n\{M(1,z)dx + N(1,z)\cdot(xdz + zdx)\} = 0 \quad .$$

Hierbei bedeutet etwa $M(1,z)$, daß in der Funktion $M(x,y)$ anstelle von x überall 1 und anstelle von y überall z eingesetzt wurde.

Division durch x^n und Umformung:

$$\{M(1,z) + z\cdot N(1,z)\}dx + x\cdot N(1,z)dz = 0 \quad .$$

Dies ist eine Differentialgleichung 1. Ordnung für z, die sich durch Trennung der Variablen lösen läßt:

$$x\cdot N(1,z)dz = -\{M(1,z) + z\cdot N(1,z)\}dx$$

$$\frac{N(1,z)}{M(1,z) + z\cdot N(1,z)}dz = -\frac{dx}{x}$$

Integration liefert z und dann — durch Einsetzen in den Ansatz — die gesuchte Lösung $y = x\cdot z$.

III. Rechnungsgang

1 Man setzt $y = x\cdot z$,
dann ist $dy = x\cdot dz + z\cdot dx$.

2 Diese Werte für y und dy setzt man in die gegebene Differentialgleichung ein.

3 Die erhaltene Gleichung löst man durch Trennung der Variablen auf und erhält z als Funktion von x.

IV. Beispiele

1. Beispiel

Gegeben : $(x+y)\cdot dx - x\cdot dy = 0$ eine homogene Differentialgleichung 1. Grades.

Gesucht : Allgemeine Lösung.

Lösung :

[1] Man setzt $y = x\cdot z$,
dann ist $dy = x\cdot dz + z\cdot dx$.

[2] $(x + x\cdot z)dx - x(x\cdot dz + z\cdot dx) = 0$

[3] $dx(x + x\cdot z - x\cdot z) - x^2\cdot dz = 0$

$$dx\cdot x = x^2\cdot dz$$

$$\frac{dx}{x} = dz$$

$$\int dz = \int \frac{dx}{x}$$

$$z = \ln x + C$$

[4] $y = x\cdot z$
$y = x\cdot(\ln x + C)$ allgemeine Lösung der Differentialgleichung.

2. Beispiel

Gegeben : $(x^2+y^2)dx - x\cdot y\cdot dy = 0$ homogene Differentialgleichung 2. Grades.

Gesucht : Allgemeine Lösung.

Lösung :

[1] Man setzt $y = x\cdot z$,
dann ist $dy = x\cdot dz + z\cdot dx$.

[2] $(x^2 + x^2z^2)\cdot dx - x^2z(x\cdot dz + z\cdot dx) = 0$

$$x^2\cdot dx + x^2z^2\cdot dx - x^3\cdot z\cdot dz - x^2\cdot z^2\cdot dx = 0$$

$$x^2\cdot dx - x^3z\cdot dz = 0$$

3 $x^2 \cdot dx = x^3 \cdot z \cdot dz$

$$\frac{dx}{x} = z \cdot dz$$

$$\int \frac{dx}{x} = \int z \cdot dz$$

$$\ln x = \frac{z^2}{2} + C$$

$$z^2 = 2 \cdot \ln x - 2C$$

$$z = \sqrt{2 \cdot \ln x - 2C}$$

4 $y = x \cdot z$

$y = x \cdot \sqrt{2 \cdot \ln x - 2C}$ allgemeine Lösung

oder nach Umbenennung der Konstanten in $\ln C$ statt $-C$:

$$y = x \sqrt{2 \ln (C \cdot x)} \quad .$$

3. Beispiel

Lösung der vorangegangenen Beispiele mit der fertigen Formel aus Abschnitt II .

1.) $(x+y)dx - x\,dy = 0$

$M(x,y) = x + y \quad , \qquad N(x,y) = -x \quad .$

x wird durch 1, y durch z ersetzt :

$M(1,z) = 1 + z \quad , \qquad N(1,z) = -1 \quad .$

Die Gleichung

$$\frac{N(1,z)}{M(1,z) + z \cdot N(1,z)} dz = -\frac{dx}{x}$$

lautet hier :

$$\frac{-1}{1 + z - z} dz = -\frac{dx}{x}$$

$$+dz = +\frac{dx}{x}$$

$$z = \ln x + C$$

$$y = x(\ln x + C) \quad .$$

2.) $(x^2+y^2)dx - x\cdot y dy = 0$

$M(x,y) = x^2+y^2\,, \qquad N(x,y) = -xy$

$M(1,z) = 1+z^2\,, \qquad N(1,z) = -z$

$$\frac{-z}{1+z^2-z\cdot z}\,dz = -\frac{dx}{x}$$

$$+z\,dz = \frac{dx}{x}$$

$$\frac{z^2}{2} = \ln x + \ln C = \ln(Cx)$$

$$z = \sqrt{2\ln(Cx)}$$

$$y = x\sqrt{2\ln(C\cdot x)}$$

V. Übungsaufgaben

1) $y' = \dfrac{y^2-x^2}{2xy}$ $\qquad n = 2$ in der nennerfreien Form,

Lösung: $z = \pm\sqrt{\dfrac{C}{x}-1}\,, \qquad y = \pm\sqrt{x(C-x)}$

(Vergleiche Kapitel 1, §2, III., 2. Beispiel)

2) $(y+\sqrt{xy})dx - x dy = 0$ $\qquad n = 1\,,$

Lösung: $z = \frac{1}{4}(\ln Cx)^2 \qquad y = \frac{x}{4}(\ln Cx)^2$

3) $xy^2 dy + (x^3-y^3)dx = 0$ $\qquad n = 3\,,$

Lösung: $z = -\sqrt[3]{3\ln Cx} \qquad y = -x\sqrt[3]{3\ln Cx}$

4) $y' = \dfrac{x}{y-2x}$ $\qquad n = 1$

Lösung: $\ln[C(y-x)] = -\dfrac{x}{y-x}$

§ 6. Vollständige Differentialgleichungen

I. Definition

Das vollständige Differential einer Funktion $f(x,y)$ zweier Veränderlicher lautet:

$$\frac{\partial f}{\partial x}dx + \frac{\partial f}{\partial y}dy \; .$$

$\frac{\partial f}{\partial x}dx + \frac{\partial f}{\partial y}dy = 0$ ist eine vollständige Differentialgleichung.

> Die Differentialgleichung $M \cdot dx + N \cdot dy = 0$, wobei M und N Funktionen von x, y sind, ist dann eine vollständige Differentialgleichung, wenn:
>
> $M = \frac{\partial f}{\partial x}$ und $N = \frac{\partial f}{\partial y}$ ist, wobei $f(x,y) = C$ die Grundgleichung in impliziter Form ist.

II. Kennzeichen einer vollständigen Differentialgleichung

$$\boxed{\frac{\partial M}{\partial y} = \frac{\partial N}{\partial x}}$$

Beweis: Jst $M = \frac{\partial f}{\partial x}$, so ist $\frac{\partial M}{\partial y} = \frac{\partial^2 f}{\partial x \cdot \partial y}$.

Jst $N = \frac{\partial f}{\partial y}$, so ist $\frac{\partial N}{\partial x} = \frac{\partial^2 f}{\partial y \cdot \partial x}$.

Wegen der Gleichheit der gemischten Ableitungen (bei stetig differenzierbaren Funktionen)[1], gilt somit wie behauptet:

$$\frac{\partial M}{\partial y} = \frac{\partial N}{\partial x} \; .$$

---

1) siehe G. Demmig: „Funktionen mehrer Veränderlichen, Teil I", Abschnitt I.1.

III. Rechnungsgang

[0] Die Prüfung, ob die vorgelegte Gleichung eine vollständige Differentialgleichung ist, gestaltet sich folgendermaßen:

Man setzt den Koeffizienten von $dx = M$;
man setzt den Koeffizienten von $dy = N$.
Sodann bildet man $\frac{\partial M}{\partial y}$ und $\frac{\partial N}{\partial x}$.

Sind diese beiden errechneten Werte einander gleich, so ist die vorliegende Differentialgleichung eine vollständige Differentialgleichung.

[1] Aus $\frac{\partial f}{\partial x} = M$ erhält man $f(x,y) = \int M dx + C(y)$

Bei der Integration über x wird y als Konstante behandelt. Da somit die auftretende Integrations-„Konstante" von y abhängen kann, ist sie mit $C(y)$ bezeichnet.

[2] Den erhaltenen Ausdruck für f differenziert man partiell nach y:

$$\frac{\partial f}{\partial y} = \frac{\partial \int M dx}{\partial y} + \frac{dC(y)}{dy}$$

[3] Da aber auch $\frac{\partial f}{\partial y} = N$ ist, so wird $N = \frac{\partial \int M dx}{\partial y} + \frac{dC(y)}{dy}$.

Aus dieser Gleichung berechnet man die noch unbekannte Funktion $C(y)$.

[4] Man setzt den so erhaltenen Wert von $C(y)$ ein in die Gleichung aus [1] und erhält die Grundgleichung

$$f(x,y) = \int M dx + C(y) = 0 .$$

(Die rechte Seite ist Null, da die Konstante C bereits in $C(y)$ enhalten ist).

Bemerkungen zum Rechnungsgang: Anstatt bei der Lösung von $\frac{\partial f}{\partial x} = M$, kann man auch von $\frac{\partial f}{\partial y} = N$ ausgehen und über y integrieren.

IV. Beispiele

1. Beispiel

Gegeben : $(x^2+y)\cdot dx+(x+y^2)\cdot dy = 0$

Gesucht : Allgemeine Lösung.

Lösung :

[0] $M = x^2+y \qquad \frac{\partial M}{\partial y} = 1$

$N = x+y^2 \qquad \frac{\partial N}{\partial x} = 1$

Da $\frac{\partial M}{\partial y} = \frac{\partial N}{\partial x}$, so ist die vorliegende Gleichung eine vollständige Differentialgleichung.

[1] $\frac{\partial f}{\partial x} = M = x^2+y$

$$f(x,y) = \int (x^2+y)\,dx + C(y)$$

$$= \frac{x^3}{3}+yx+C(y)$$

[2] $\frac{\partial f}{\partial y} = x+\frac{dC(y)}{dy}$

[3] $\frac{\partial f}{\partial y} = N$ (Nach [0])

$$\frac{\partial f}{\partial y} = x+\frac{dC(y)}{dy} = N = x+y^2$$

$$\frac{dC(y)}{dy} = y^2$$

$$C(y) = \frac{y^3}{3}+C$$

[4] Man setzt $C(y)$ ein in die Gleichung

$$f(x,y) = \frac{x^3}{3}+y\cdot x+C(y) = 0$$

und erhält die Grundgleichung $\frac{x^3}{3}+y\cdot x+\frac{y^3}{3}+C = 0$.

Diese implizite Funktion kann nicht auf einfache Art nach y aufgelöst werden.

2. Beispiel

Gegeben : $\frac{y^2}{2\cos^2 x}\,dx + (y^2 + y\cdot\tan x + 1)\,dy = 0$

Gesucht : Spezielle Lösung durch den Punkt (0,1) .

Lösung :

[0] $M = \frac{y^2}{2\cos^2 x}$ | $\frac{\partial M}{\partial y} = \frac{y}{\cos^2 x}$

$N = y^2 + y\cdot\tan x + 1$ | $\frac{\partial N}{\partial x} = \frac{y}{\cos^2 x}$

$$\frac{\partial M}{\partial y} = \frac{\partial N}{\partial x}$$

[1] $\frac{\partial f}{\partial x} = M = \frac{y^2}{2\cos^2 x}$

$$f(x,y) = \int \frac{y^2}{2\cos^2 x}\,dx + C(y)$$

$$f(x,y) = \frac{y^2}{2}\tan x + C(y)$$

[3] $\frac{\partial f}{\partial y} = N$ | $\frac{\partial f}{\partial y} = y\cdot\tan x + \frac{dC(y)}{dy}$

$$= N = y^2 + y\cdot\tan x + 1$$

$$\frac{dC(y)}{\partial y} = y^2 + 1$$

$$C(y) = \frac{y^3}{3} + y + C$$

[4] $f(x,y) = \frac{y^2}{2}\tan x + \frac{y^3}{3} + y + C = 0$

Allgemeine Lösung: $\frac{y^2}{2}\tan x + \frac{y^3}{3} + y + C = 0$

Spezielle Lösung : Einsetzen von $x = 0$, $y = 1$ ergibt den gesuchten Wert für C:

$$0 + \frac{1}{3} + 1 + C = 0 \quad\longrightarrow\quad C = -\frac{4}{3}.$$

Ergebnis : $\frac{y^2}{2}\tan x + \frac{y^3}{3} + y - \frac{4}{3} = 0$

V Übungsaufgaben

1) $(1-\sin x\cdot 2y)y' = y^2\cos x$ Lösung: $y-y^2\sin x+C=0$

2) $\left(\frac{y}{x}+\frac{1}{\sqrt{xy}}\right)dx+\left(\ln x-\frac{1}{y}\sqrt{\frac{x}{y}}\right)dy=0$

Lösung: $y\cdot\ln x+2\sqrt{\frac{x}{y}}+C=0$

3) $y' = -\frac{\cos x+y}{\sin y+x}$ Lösung: $\sin x-\cos y+xy+C=0$

4) $\left[e^x(1+x)+e^{-y}\right]dx-xe^{-y}dy=0$

Lösung: $x\left(e^x+e^{-y}\right)+C=0$

§ 7. Der integrierende Faktor

I. Das Wesen dieser Methode

Möchte man eine Differentialgleichung

$$M\,dx+N\,dy=0$$

nach der Methode des vollständigen Differentials lösen, und ist aber die Bedingung

$$\frac{\partial M}{\partial y}=\frac{\partial N}{\partial x}$$

nicht erfüllt, so bleibt noch die Möglichkeit, einen „integrierenden Faktor" λ für die Differentialgleichung zu suchen, sodaß nach der Multiplikation mit λ die Bedingung für die neuen Vorfaktoren $\lambda\cdot M$ und $\lambda\cdot N$ erfüllt ist.

Zunächst ist einmal klar, daß es sich bei λ nicht um einen konstanten Faktor handeln kann, da dieser nichts an der Verschiedenheit der partiellen Ableitungen ändern würde.

Nehmen wir einmal an, λ sei eine Funktion von x und y. Die mit λ

multiplizierte Differentialgleichung lautet :

$$\lambda \cdot M dx + \lambda \cdot N dy = 0$$

Die Bedingung für ein totales Differential heißt jetzt :

$$\frac{\partial(\lambda \cdot M)}{\partial y} = \frac{\partial(\lambda \cdot N)}{\partial x}$$

Dabei müssen $\lambda \cdot M$ und $\lambda \cdot N$ nach der Produktregel differenziert werden :

$$\frac{\partial(\lambda \cdot M)}{\partial y} = \frac{\partial \lambda}{\partial y} \cdot M + \lambda \cdot \frac{\partial M}{\partial y}$$

$$\frac{\partial(\lambda \cdot N)}{\partial x} = \frac{\partial \lambda}{\partial x} \cdot N + \lambda \cdot \frac{\partial N}{\partial x}$$

Man erhält die Bedingung :

$$\frac{\partial \lambda}{\partial y} \cdot M + \lambda \frac{\partial M}{\partial y} = \frac{\partial \lambda}{\partial x} \cdot N + \lambda \cdot \frac{\partial N}{\partial x} .$$

Falls λ eine Funktion von x und y ist, so ist diese Gleichung eine partielle Differentialgleichung 1. Ordnung in λ . Sie ist also noch um eine Stufe schwieriger zu lösen als die ursprüngliche Differentialgleichung !

Das bedeutet, daß die Methode für diesen allgemeinen Fall sinnlos ist. Der Rechenaufwand ist nur dann vertretbar, wenn es möglich ist, λ als Funktion von x oder y allein zu bestimmen.

1. Fall : λ als Funktion von x. $\left(\frac{\partial \lambda}{\partial y} = 0\right)$

$$(1) \qquad \lambda \cdot \frac{\partial M}{\partial y} = \frac{\partial \lambda}{\partial x} \cdot N + \lambda \cdot \frac{\partial N}{\partial x}$$

2. Fall : λ als Funktion von y. $\left(\frac{\partial \lambda}{\partial x} = 0\right)$

$$(2) \qquad \frac{d\lambda}{dy} M + \lambda \cdot \frac{\partial M}{\partial y} = \lambda \cdot \frac{\partial N}{\partial x}$$

Die Gleichungen dürfen jetzt nur noch von einer Veränderlichen abhängen, d.h. in Gleichung (1) darf y nicht mehr vorkommen, bzw. die Ausdrücke mit y müssen sich auf beiden Seiten der Gleichung aufheben. Jn Gleichung (2) darf x nicht vorkommen. Normalerweise erfüllt nur eine der beiden Gleichungen diese Bedingung. Es kommt sogar vor, daß beide Gleichungen die gestellte Forderung, nur noch eine Veränderliche zu enthalten, nicht erfüllen. Jn diesem Fall ist es nicht möglich, den integrierenden Faktor als Funktion einer Veränderlichen zu bestimmen. Die Methode muß als gescheitert angesehen werden.

Jm Falle der Lösbarkeit kann man aus der Lösungsschar $\lambda(x)$ bzw. $\lambda(y)$ ein willkürliches λ herausgreifen. Die Jntegrationskonstante bei der Lösung der Differentialgleichung für λ darf also weggelassen werden.

Gleichungen (1) und (2) lassen sich noch folgendermaßen umformen:

(1') $$N\frac{d\lambda}{dx} = -\left(\frac{\partial N}{\partial x} - \frac{\partial M}{\partial y}\right)\cdot\lambda$$

(2') $$M\frac{d\lambda}{dy} = \left(\frac{\partial N}{\partial x} - \frac{\partial M}{\partial y}\right)\cdot\lambda$$

Die Bedingung lautet jetzt:

Entweder darf $\left(\frac{\partial N}{\partial x} - \frac{\partial M}{\partial y}\right)\Big/N$ nicht von y

oder $\left(\frac{\partial N}{\partial x} - \frac{\partial M}{\partial y}\right)\Big/M$ nicht von x abhängen.

II. Rechnungsgang

[0] Man prüft die Bedingung $\frac{\partial M}{\partial y} = \frac{\partial N}{\partial x}$ nach.

Jst sie nicht erfüllt, so sucht man einen integrierenden Faktor λ.

[1] Man berechnet die Quotienten

$$Q_1 = \left(\frac{\partial N}{\partial x} - \frac{\partial M}{\partial y}\right)\Big/N \quad \text{und} \quad Q_2 = \left(\frac{\partial N}{\partial x} - \frac{\partial M}{\partial y}\right)\Big/M$$

[2] a) Q_1 enthält kein y:

Die Differentialgleichung für $\lambda(x)$ lautet: $$\frac{d\lambda}{dx} = -\lambda\cdot Q_1(x).$$

b) Q_2 enthält kein x :
Die Differentialgleichung für $\lambda(y)$ lautet :

$$\frac{d\lambda}{dy} = \lambda \cdot Q_2(y) .$$

[3] Lösung der Differentialgleichung durch Trennung der Variablen ohne Integrationskonstante .

[4] Von der gesuchten Funktion $f(x,y)$ berechnet man die Ableitungen :

$$\frac{\partial f}{\partial x} = \lambda \cdot M , \qquad \frac{\partial f}{\partial y} = \lambda \cdot N$$

[5] Berechnung von $f(x,y)$ durch Integration wie im vorangehenden §6.

III. Beispiele

1. Beispiel

Gegeben : $x^2 y' = 2y^2 + 2xy$

Gesucht : Allgemeine Lösung

Lösung : [0] Umwandlung der Differentialgleichung in Differentialform :

$$x^2 dy - 2y(y+x)dx = 0$$

$$M = -2y(y+x) \qquad \frac{\partial M}{\partial y} = -4y - 2x$$

$$N = x^2 \qquad \frac{\partial N}{\partial x} = 2x$$

[1] $$Q_1 = \left(\frac{\partial N}{\partial x} - \frac{\partial M}{\partial y}\right) / N = \frac{2x+4y+2x}{x^2} = \frac{4(x+y)}{x^2}$$

$$Q_2 = \left(\frac{\partial N}{\partial x} - \frac{\partial M}{\partial y}\right) / M = \frac{4(x+y)}{-2y(y+x)} = -\frac{2}{y}$$

[2] b) Q_2 enthält kein x :

$$\frac{d\lambda}{dy} = -\lambda \cdot \frac{2}{y}$$

[3]

$$\frac{d\lambda}{\lambda} = -2\frac{dy}{y}$$

$$\ln\lambda = -2\ln y$$

$$\lambda = \frac{1}{y^2}$$

[4]

$$\frac{\partial f}{\partial x} = \lambda \cdot M = -2\,\frac{y+x}{y}$$

$$\frac{\partial f}{\partial y} = \lambda \cdot N = \frac{x^2}{y^2}$$

[5]

$$f(x,y) = \int \frac{\partial f}{\partial y}\,dy + C(x)$$

$$= -\frac{x^2}{y} + C(x)$$

$$\frac{\partial f}{\partial x} = -\frac{2x}{y} + \frac{dC(x)}{dx} = \lambda M = -2\,\frac{y+x}{y}$$

$$\longrightarrow \frac{dC(x)}{dx} = -2\,, \qquad C(x) = -2x$$

$$f(x,y) = -\frac{x^2}{y} - 2x - C$$

Ergebnis :

$$\frac{x^2}{y} + 2x + C = 0$$

bzw. $$y = -\frac{x^2}{2x+C}$$

2. Beispiel

Gegeben :

$$\left(\frac{1}{\sqrt{y}} - \frac{\sqrt{y}}{x}\right)dx + \left(\frac{1}{\sqrt{y}} - \frac{x}{y\sqrt{y}}\right)dy = 0$$

Gesucht : Lösung durch den Punkt $(1,1)$.

Lösung : [0]

$$M = \frac{1}{\sqrt{y}} - \frac{\sqrt{y}}{x} \qquad \Bigg| \qquad \frac{\partial M}{\partial y} = -\frac{1}{2}\left(\frac{1}{y\sqrt{y}} + \frac{1}{x\sqrt{y}}\right)$$

$$N = \frac{1}{\sqrt{y}} - \frac{x}{y\sqrt{y}} \qquad \Bigg| \qquad \frac{\partial N}{\partial x} = -\frac{1}{y\sqrt{y}}$$

[1] $$Q_1 = \left(\frac{\partial N}{\partial x} - \frac{\partial M}{\partial y}\right) \Big/ N$$

$$= \left(-\frac{1}{y\sqrt{y}} + \frac{1}{2y\sqrt{y}} + \frac{1}{2x\sqrt{y}}\right) \Big/ \left(\frac{1}{\sqrt{y}} - \frac{x}{y\sqrt{y}}\right)$$

$$= \left(\frac{1}{2x\sqrt{y}} - \frac{1}{2y\sqrt{y}}\right) \Big/ \left(\frac{1}{\sqrt{y}} - \frac{x}{y\sqrt{y}}\right)$$

$$= \left(\frac{1}{2x} - \frac{1}{2y}\right) \Big/ \left(1 - \frac{x}{y}\right)$$

$$= \frac{y-x}{2xy} \Big/ \frac{y-x}{y} = \frac{(y-x)\cdot y}{2xy\,(y-x)}$$

$$= \frac{1}{2x}$$

[2] a) Q_1 enthält kein y :

$$\frac{d\lambda}{dx} = -\frac{\lambda}{2x}$$

[3] $$\frac{d\lambda}{\lambda} = -\frac{1}{2}\frac{dx}{x}$$

$$\ln\lambda = -\frac{1}{2}\ln x = \ln\frac{1}{\sqrt{x}} \qquad \lambda = \frac{1}{\sqrt{x}}$$

[4] $$\frac{\partial f}{\partial x} = \lambda\cdot M = \frac{1}{\sqrt{x\cdot y}} - \frac{\sqrt{y}}{x\sqrt{x}}$$

$$\frac{\partial f}{\partial y} = \lambda\cdot N = \frac{1}{\sqrt{x\cdot y}} - \frac{\sqrt{x}}{y\sqrt{y}}$$

[5] $$f(x,y) = \int \frac{\partial f}{\partial x}\,dx + C(y)$$

$$= 2\sqrt{\frac{x}{y}} + 2\sqrt{\frac{y}{x}} + C(y)$$

$$\frac{\partial f}{\partial y} = -\frac{\sqrt{x}}{y\sqrt{y}} + \frac{1}{\sqrt{x\cdot y}} + \frac{dC(y)}{dy} = \lambda\cdot N$$

$$\rightarrow \frac{dC(y)}{dy} = 0\,, \qquad C(y) = C$$

$$f(x,y) = 2\sqrt{\frac{x}{y}} + 2\sqrt{\frac{y}{x}} + C$$

<u>Ergebnis</u> : $\sqrt{\frac{x}{y}} + \sqrt{\frac{y}{x}} + C = 0$ allgemeine Lösung ,

$\sqrt{\frac{x}{y}} + \sqrt{\frac{y}{x}} - 2 = 0$ gesuchte spezielle Lösung .

IV. Übungsaufgaben

1) $2y(x-y)\,dx = (x^2-y^2)\,dy$

Lösung: $\lambda(y) = \frac{1}{y^2}$, $f(x,y) = \frac{(x-y)^2}{y} + C$

Ergebnis: $(x-y)^2 + Cy = 0$

2) $(\sin x \cos x + 2y\cos^3 x)\,y' + (y - y^2 \sin x \cos^2 x) = 0$

Lösung: $\lambda(x) = \frac{1}{\cos^2 x}$ $\quad f(x,y) = y \cdot \tan x + y^2 \cos x + C$

Ergebnis: $y \cdot \tan x + y^2 \cos x + C = 0$

3) $y' = \frac{-2xy - 3x^2}{x^2 y + x^3 + x^2}$

Lösung: $\lambda(y) = e^y$ $\quad f(x,y) = (x^2 y + x^3)\,e^y + C$

Ergebnis: $(x^2 y + x^3)\,e^y + C = 0$

§ 8. Lineare Differentialgleichungen 1. Ordnung

I. Definition

Eine lineare Differentialgleichung 1. Ordnung ist eine solche, die y und $\frac{dy}{dx}$ im 1. Grade (linear) enthält. Die unabhängige Veränderliche x braucht nicht linear aufzutreten.

(Man beachte, daß selbstverständlich auch gemischte Produkte $y \cdot y'$ als nicht-linear gelten.)

II. Form und Kennzeichen einer linearen Differentialgleichung 1. Ordnung

Form einer linearen Differentialgleichung 1. Ordnung:

$$\frac{dy}{dx} + P(x) \cdot y = Q(x) .$$

Kennzeichen : y und $\frac{dy}{dx}$ müssen im 1. Grad auftreten. $P(x)$ und $Q(x)$ sind Funktionen von x oder Konstante.

III. Lösung einer linearen Differentialgleichung 1. Ordnung durch Substitution

Rechnungsgang :

1 Man setzt $y = u \cdot v$,

dann ist $\frac{dy}{dx} = u\frac{dv}{dx} + v\frac{du}{dx}$

Diese Substitution kann auch folgendermaßen aufgefaßt werden : $y = u \cdot v$ ist die angenommene Lösung, in welcher noch u und v als Funktionen von x zu ermitteln sind.

2 Die so erhaltenen Werte für y und $\frac{dy}{dx}$ setzt man in die gegebene Gleichung ein.

3 Man faßt die Glieder mit u als Faktor zusammen, d.h. man klammert u aus.

4 Jn der angenommenen Lösung $y = u \cdot v$ kann eine der beiden Größen u oder v beliebig gewählt werden. Man denkt sich den Wert von v so gewählt, daß der Faktor von u, nämlich der Wert der Klammer $= 0$ wird.

Es bleibt dann noch eine Restgleichung übrig.

Aus (I) : „Klammerfaktor von $u = 0$", berechnet man v durch Trennung der Variablen.

Aus (II) : „Restgleichung", berechnet man u durch Trennung der Variablen.

5 Die so ermittelten Werte von v und u setzt man in die Gleichung $y = u \cdot v$ ein.

Anmerkung zum Rechnungsgang :

Anstatt unter [3] u auszuklammern, kann man auch v ausklammern und analog fortfahren. Wegen der Beliebigkeit der Faktorzerlegung kann die Integrationskonstante bei v weggelassen werden. Sie tritt dann nur bei der Integration für u auf.

[1. Beispiel]

Gegeben : $\frac{dy}{dx} - ay = x$.

Gesucht : Allgemeine Lösung.

Lösung :

[1] $y = u \cdot v$

$$\frac{dy}{dx} = u \cdot \frac{dv}{dx} + v \cdot \frac{du}{dx}$$

[2] $u \cdot \frac{dv}{dx} + v \cdot \frac{du}{dx} - a \cdot u \cdot v = x$

[3] $u\left[\frac{dv}{dx} - av\right] + v\frac{du}{dx} = x$

[4] $\frac{dv}{dx} - av = 0$ (I)

$v \cdot \frac{du}{dx} = x$ (II)

Bestimmung von v aus (I) durch Trennung der Variablen.

$\frac{dv}{dx} - av = 0$	$\int \frac{dv}{v} = \int a \cdot dx$
$dv = av \cdot dx$	$\ln v = a \cdot x$
$\frac{dv}{v} = a \cdot dx$	$v = e^{ax}$

Bestimmung von u aus (II) durch Trennung der Variablen.

$$v \cdot \frac{du}{dx} = x$$

$$e^{ax} \cdot du = x \cdot dx$$

$$du = \frac{x}{e^{ax}} \cdot dx$$

$$u = \int e^{-ax} \cdot x \cdot dx$$

$$u = -\frac{x}{ae^{ax}} - \frac{1}{a^2 e^{ax}} + C$$

[Das Integral wurde gelöst durch partielle Integration.

$u_1 = x$ $\qquad du_1 = dx$

$dv_1 = e^{-ax} \cdot dx$ $\qquad v_1 = \frac{-e^{-ax}}{a}$].

5 Einsetzen der Werte aus 4 in die Gleichung $y = u \cdot v$ . .

$$y = e^{ax}\left(-\frac{x}{a \cdot e^{ax}} - \frac{1}{a^2 e^{ax}} + C\right)$$

$$y = -\frac{x}{a} - \frac{1}{a^2} + C e^{ax}$$ allgemeine Lösung der Differentialgleichung

2. Beispiel

Gegeben: $\frac{dy}{dx} \cos x - y \sin x = 1$

Gesucht: Allgemeine Lösung.

Lösung: (Die Differentialgleichung besitzt im Unterschied zur „Normalform" aus II. einen Vorfaktor bei $\frac{dy}{dx}$, der $\neq 1$ ist. Division der Differentialgleichung durch $\cos x$ überführt die Differentialgleichung in Normalform.)

1 $y = u \cdot v$

$$\frac{dy}{dx} = u \cdot \frac{dv}{dx} + v \cdot \frac{du}{dx}$$

2 $\left(u \frac{dv}{dx} + v \frac{du}{dx}\right) \cos x - u \cdot v \sin x = 1$

3 $u\left[\frac{dv}{dx} \cos x - v \sin x\right] + v \frac{du}{dx} \cos x = 1$

4 $\frac{dv}{dx}\cos x - v\sin x = 0$ (I)

$v\frac{du}{dx}\cos x = 1$ (II)

Lösung von (I) :

$$\frac{dv}{v} = \frac{\sin x}{\cos x}dx$$

$$\int\frac{dv}{v} = \int\frac{\sin x}{\cos x}dx$$

$$\ln v = -\ln\cos x$$

$$v = \frac{1}{\cos x}$$

[Das Integral wurde gelöst durch Substitution $u = \cos x$, $du = -\sin x\,dx$.]

Lösung von (II) :

$$v\frac{du}{dx}\cos x = 1$$

Mit $v = \frac{1}{\cos x}$ folgt $\frac{du}{dx} = 1$

$$u = x + C$$

5 $y = u\cdot v = \frac{x+C}{\cos x}$

$y = \frac{x+C}{\cos x}$ allgemeine Lösung der Differentialgleichung .

IV. Lösung einer linearen Differentialgleichung 1. Ordnung nach der Methode der Variation der Konstanten.

Vorbemerkung :

Diese Methode behält unter geeigneter Erweiterung ihre Gültigkeit auch für lineare Differentialgleichungen höherer Ordnung und ist daher auch für die folgenden Kapitel von Bedeutung .

Man unterscheidet hier zwischen der „homogenen" linearen Differentialgleichung $\frac{dy}{dx} + P(x)\cdot y = 0$

und der „inhomogenen" Differentialgleichung

$$\frac{dy}{dx} + P(x) \cdot y = Q(x) ,$$

die noch eine rechte Seite $\neq 0$ besitzt, die unabhängig von y und y' ist.

Man beachte hier besonders die unterschiedliche Bedeutung des Wortes „homogen" in diesem Fall und bei den Differentialgleichungen von „homogenem" Grade aus §5.

Bei linearen Differentialgleichungen — auch bei denen von höherer Ordnung — geht man stets so vor, daß man zuerst die zugehörige homogene Differentialgleichung löst, die ja einfacher zu lösen ist als die ursprüngliche inhomogene. Mit Hilfe dieser Lösung macht man einen geeigneten Ansatz für die inhomogene Differentialgleichung. Die Methode heißt „Variation der Konstanten".

Rechnungsgang:

[1] Man setzt $Q(x) = 0$ und löst die homogene Gleichung $\frac{dy}{dx} + P(x)y = 0$ durch Trennung der Variablen

$$\int \frac{dy}{y} = -\int P(x)dx$$

$$\ln y - \ln C = -\int P(x)dx$$

$$\ln \frac{y}{C} = -\int P(x)dx$$

$$y = C \cdot e^{-\int P(x)dx}$$

[2] Für die Lösung der gegebenen inhomogenen Gleichung macht man den Ansatz

$$y = C_x e^{-\int P(x)dx} ,$$

wobei C nicht mehr wie zuvor eine Konstante sondern eine — noch unbekannte — Funktion von x ist.

(Daher auch der Name „Variation der Konstanten".)

Differentiation:

$$\frac{dy}{dx} = C_x e^{-\int P(x)dx} \cdot \left[-P(x)\right] + e^{-\int P(x)dx} \cdot \frac{dC_x}{dx} .$$

[3] Die unter [1] und [2] erhaltenen Werte für y und $\frac{dy}{dx}$ setzt man in die gegebene Gleichung ein und berechnet dann C_x durch Trennung der Variablen.

$$\frac{dy}{dx} + P(x)\cdot y = Q(x)$$

$$-C_x\cdot P(x)\cdot e^{-\int P(x)\cdot dx} + e^{-\int P(x)\cdot dx}\cdot \frac{dC_x}{dx} + C_x\cdot e^{-\int P(x)\cdot dx}\cdot P(x) = Q(x)$$

Wie man sieht, fällt C_x stets aus der Gleichung heraus, sodaß sich diese direkt nach $\frac{dC_x}{dx}$ auflösen läßt.

$$\frac{dC_x}{dx} = Q(x)\cdot e^{\int P(x)dx}$$

$$C_x = \int Q(x)\,e^{\int P(x)dx}\cdot dx + C_1$$

[4] Man setzt den Wert für C_x in den Ansatz ein:

$$y = C_x\cdot e^{-\int P(x)dx}\ .$$

1. Beispiel

Gegeben: $\frac{dy}{dx} - y\cdot x = x^2 - 1$

Gesucht: Allgemeine Lösung.

Lösung: [1] $\frac{dy}{dx} - y\cdot x = 0$ ist die zugehörige homogene Gleichung.

$$\int \frac{dy}{y} = \int x\cdot dx$$

$$\ln y = \frac{x^2}{2} + \ln C \quad \Big| \quad \ln y - \ln C = \frac{x^2}{2}$$

$$y = C\cdot e^{\frac{x^2}{2}}$$

[2] Ansatz:

$$y = C_x\cdot e^{\frac{x^2}{2}}$$

$$\frac{dy}{dx} = C_x\cdot e^{\frac{x^2}{2}}\cdot x + e^{\frac{x^2}{2}}\cdot \frac{dC_x}{dx}$$

[3] $$\cancel{C_x \cdot e^{\frac{x^2}{2}} \cdot x} + e^{\frac{x^2}{2}} \cdot \frac{dC_x}{dx} - \cancel{C_x \cdot e^{\frac{x^2}{2}} \cdot x} = x^2 - 1$$

$$\frac{dC_x}{dx} = \frac{x^2-1}{e^{\frac{x^2}{2}}}$$

$$C_x = \int e^{-\frac{x^2}{2}}(x^2-1) \cdot dx + C_1$$

$$C_x = \int e^{-\frac{x^2}{2}} \cdot x^2 \cdot dx - \int e^{-\frac{x^2}{2}} \cdot dx + C_1$$

Lösung von $\int e^{-\frac{x^2}{2}} \cdot x \cdot x \cdot dx$:

Man setzt	Dann ist
$u = x$	$du = dx$
$dv = e^{-\frac{x^2}{2}} \cdot x \cdot dx$	$v = -e^{-\frac{x^2}{2}}$

$$\int e^{-\frac{x^2}{2}} \cdot x \cdot x \cdot dx = -x \cdot e^{-\frac{x^2}{2}} + \int e^{-\frac{x^2}{2}} \cdot dx$$

Da außerdem: $\int e^{-\frac{x^2}{2}}(x^2-1)dx = \int e^{-\frac{x^2}{2}} \cdot x^2 \cdot dx - \int e^{-\frac{x^2}{2}} \cdot dx$

$$= -xe^{-\frac{x^2}{2}} + \int e^{-\frac{x^2}{2}}dx - \int e^{-\frac{x^2}{2}}dx,$$

so ist $C_x = -x \cdot e^{-\frac{x^2}{2}} + C_1$.

[4] $$y = C_x \cdot e^{\frac{x^2}{2}}$$

$$y = \left(-x \cdot e^{-\frac{x^2}{2}} + C_1\right) e^{\frac{x^2}{2}}$$

$$y = -x + C_1 e^{\frac{x^2}{2}}$$

$y = C_1 e^{\frac{x^2}{2}} - x$ allgemeine Lösung der Differentialgleichung .

2. Beispiel

Gegeben : $x^2 \frac{dy}{dx} - y = \frac{1}{x}$

Gesucht : Spezielle Lösung durch den Punkt (1/0) .

Lösung : [1] $x^2 \frac{dy}{dx} - y = 0$ ist die zugehörige homogene Differentialgleichung .

$$\int \frac{dy}{y} = \int \frac{dx}{x^2}$$

$$\ln y = -\frac{1}{x} + \ln C$$

$$y = Ce^{-\frac{1}{x}}$$

[2] Ansatz: $\quad y = C_x e^{-\frac{1}{x}}$

$$\frac{dy}{dx} = C_x e^{-\frac{1}{x}} \cdot \frac{1}{x^2} + e^{-\frac{1}{x}} \cdot \frac{dC_x}{dx}$$

[3] $C_x e^{-\frac{1}{x}} + x^2 e^{-\frac{1}{x}} \frac{dC_x}{dx} - C_x e^{-\frac{1}{x}} = \frac{1}{x}$

$$\frac{dC_x}{dx} = \frac{1}{x^3} e^{\frac{1}{x}}$$

$$C_x = \int \frac{1}{x^3} e^{\frac{1}{x}} dx$$

$$C_x = -e^{\frac{1}{x}}\left(\frac{1}{x} - 1\right) + C_1 = \frac{x-1}{x} e^{\frac{1}{x}} + C_1$$

[Lösung des Integrals durch die Substitution $u = \frac{1}{x}$, $du = -\frac{1}{x^2} dx$. Diese führt auf das Integral $\int u e^u du$, das wiederum durch partielle Integration gelöst wird.]

[4] $y = C_x e^{-\frac{1}{x}} = \left(\frac{x-1}{x} e^{\frac{1}{x}} + C_1\right) e^{-\frac{1}{x}}$

$y = \frac{x-1}{x} + C_1 e^{-\frac{1}{x}}$ allgemeine Lösung.

Spezielle Lösung: $\quad x = 1, \quad y = 0$

$0 = 0 + C_1 e^{-1} \quad \longrightarrow \quad C_1 = 0$

$y = \frac{x-1}{x} = 1 - \frac{1}{x}$ ist die gesuchte spezielle Lösung.

3. Beispiel

Jn einem elektrischen Stromkreis mit einem ohmschen Widerstand R und einer Spule mit der Selbstinduktion L beträgt der Spannungsabfall

am ohmschen Widerstand $U_R = R \cdot J$,

an der Spule $U_L = L \cdot \frac{dJ}{dt}$.

Gesucht ist der Stromverlauf bei angelegter Gleichspannung $U(t) = U_0$ für den Einschaltvorgang zur Zeit $t = 0$ mit $J_0 = 0$.

Lösung :

Die Summe der beiden Spannungsabfälle muß gleich der angelegten Gesamtspannung sein. Dies ergibt die Differentialgleichung:

$$L \cdot \frac{dJ}{dt} + R \cdot J = U(t)$$

[1] homogene Differentialgleichung

$$L \cdot \frac{dJ}{dt} + R \cdot J = 0$$

$$\frac{dJ}{J} = -\frac{R}{L} dt$$

$$\ln J = -\frac{R}{L} t + \ln C$$

$$J = C e^{-\frac{R}{L} t}$$

[2] Ansatz: $J = C_t e^{-\frac{R}{L} t}$

$$\frac{dJ}{dt} = -\frac{R}{L} C_t e^{-\frac{R}{L} t} + \frac{dC_t}{dt} e^{-\frac{R}{L} t}$$

[3] $-RC_t e^{-\frac{R}{L} t} + L \frac{dC_t}{dt} e^{-\frac{R}{L} t} + RC_t e^{-\frac{R}{L} t} = U(t)$

$$\frac{dC_t}{dt} = \frac{1}{L} U(t) e^{\frac{R}{L} t}$$

$$C_t = \frac{1}{L} \int U(t) e^{\frac{R}{L} t} dt$$

[Bis hierhin ist die Rechnung gültig für beliebige angelegte Spannungen $U(t)$.]

Integration im Falle von Gleichspannung $U(t) = U_0$:

$$C_t = \frac{1}{L} \int U_0 e^{\frac{R}{L} t} dt = \frac{U_0}{L} \cdot \frac{L}{R} e^{\frac{R}{L} t} + C_1$$

[4] $J = C_t e^{-\frac{R}{L}t} = \left(\frac{U_0}{R} e^{\frac{R}{L}t} + C_1\right) e^{-\frac{R}{L}t}$

$J = \frac{U_0}{R} + C_1 e^{-\frac{R}{L}t}$ allgemeine Lösung .

Anpassen an die Anfangsbedingung $J(0) = 0$:

$$0 = \frac{U_0}{R} + C_1 \qquad \longrightarrow \qquad C_1 = -\frac{U_0}{R}$$

Die gesuchte spezielle Lösung lautet :

$$\underline{J = \frac{U_0}{R}\left(1 - e^{-\frac{R}{L}t}\right)}$$

Für $t \to \infty$ strebt die Lösung gegen den durch das Ohmsche Gesetz gegebenen Wert

$$J_\infty = \frac{U_0}{R} \quad .$$

J_∞ heißt „asymptotische Lösung". Eine Zeichnung des Stromverlaufs möge den „Einschaltvorgang" veranschaulichen .

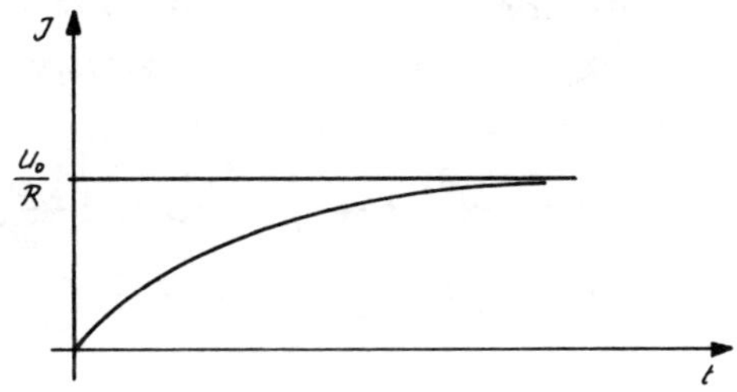

4. Beispiel

Gesucht ist die „asymptotische Lösung" für den gleichen Stromkreis im Falle von Wechselspannung

$$U(t) = U_0 \sin \omega t$$

Lösung :

[1] wie zuvor : $J = C e^{-\frac{R}{L}t}$

[2] wie zuvor .

[3] ergibt : $C_t = \frac{1}{L}\int U(t)\, e^{\frac{R}{L}t} dt = \frac{U_0}{L}\int \sin \omega t\, e^{\frac{R}{L}t} dt$

Das Integral wird gelöst durch zweimalige partielle Integration.

Nebenrechnung:

a) $u = \sin\omega t$ $\qquad dv = e^{\frac{R}{L}t}dt$

$du = \omega\cos\omega t\,dt$ $\qquad v = \frac{L}{R}e^{\frac{R}{L}t}$

$$(1)\quad \int \sin\omega t\, e^{\frac{R}{L}t}dt = \frac{L}{R}\sin\omega t\, e^{\frac{R}{L}t} - \omega\frac{L}{R}\int\cos\omega t\, e^{\frac{R}{L}t}dt$$

b) $u = \cos\omega t$ $\qquad dv = e^{\frac{R}{L}t}dt$

$du = -\omega\sin\omega t\,dt$ $\qquad v = \frac{L}{R}e^{\frac{R}{L}t}$

$$(2)\quad \int \cos\omega t\, e^{\frac{R}{L}t}dt = \frac{L}{R}\cos\omega t\, e^{\frac{R}{L}t} + \omega\frac{L}{R}\int e^{\frac{R}{L}t}\sin\omega t\,dt$$

(2) in (1) einsetzen:

$$\int\sin\omega t\, e^{\frac{R}{L}t}dt = \frac{L}{R}\sin\omega t\, e^{\frac{R}{L}t} - \omega\frac{L^2}{R^2}\left\{\cos\omega t\, e^{\frac{R}{L}t} + \omega\int e^{\frac{R}{L}t}\sin\omega t\,dt\right\}$$

Dies ist eine algebraische Gleichung für das unbekannte Integral, das auf beiden Seiten der Gleichung auftritt.
Auflösung nach der Unbekannten:

$$\left(1+\frac{\omega^2L^2}{R^2}\right)\int\sin\omega t\, e^{\frac{R}{L}t}dt = \frac{L}{R}e^{\frac{R}{L}t}\left\{\sin\omega t - \frac{\omega L}{R}\cos\omega t\right\}$$

$$\int\sin\omega t\, e^{\frac{R}{L}t}dt = \frac{RL}{R^2+\omega^2L^2}\, e^{\frac{R}{L}t}\left\{\sin\omega t - \frac{\omega L}{R}\cos\omega t\right\}$$

$$C_t = \frac{U_0}{L}\int\sin\omega t\, e^{\frac{R}{L}t}dt$$

$$= \frac{U_0R}{R^2+\omega^2L^2}\, e^{\frac{R}{L}t}\left\{\sin\omega t - \frac{\omega L}{R}\cos\omega t\right\} + C_1$$

$$J = C_t e^{-\frac{R}{L}t} = \frac{U_0R}{R^2+\omega^2L^2}\left\{\sin\omega t - \frac{\omega L}{R}\cos\omega t\right\} + C_1e^{-\frac{R}{L}t}$$

Der Anteil $C_1e^{-\frac{R}{L}t}$ strebt für $t\to\infty$ gegen Null und wird daher bei der asymptotischen Lösung weggelassen.
Die Lösung entspricht einer phasenverschobenen Sinusschwingung

$$J = A\cdot\sin(\omega t-\varphi)\,.$$

Unter Benutzung der Formel

$$\sin(\omega t-\varphi) = \sin\omega t\cos\varphi - \cos\omega t\sin\varphi$$

erhält man durch Koeffizientenvergleich Amplitude A und Phasenwinkel φ der verschobenen Schwingung.

$$(1) \qquad A\cos\varphi = U_0 \frac{R}{R^2+\omega^2L^2}$$

$$(2) \qquad A\sin\varphi = U_0 \frac{\omega L}{R^2+\omega^2L^2}$$

a) quadrieren und addieren :

$$A^2 \underbrace{(\cos^2\varphi + \sin^2\varphi)}_{1} = U_0^2 \frac{R^2+\omega^2L^2}{(R^2+\omega^2L^2)^2}$$

$$A = \frac{U_0}{\sqrt{R^2+\omega^2L^2}}$$

b) Gleichungen dividieren :

$$\tan\varphi = \frac{\omega L}{R}$$

Die umgeformte Lösung lautet jetzt :

$$\underline{J = \frac{U_0}{\sqrt{R^2+\omega^2L^2}} \sin(\omega t - \varphi)} \qquad \text{mit } \tan\varphi = \frac{\omega L}{R}$$

Die Stromstärke hat die gleiche Frequenz wie die angelegte Spannung, bleibt aber gegenüber dieser um den Winkel $\frac{\varphi}{\omega}$ zurück.

Die Amplitude beträgt

$$\frac{U_0}{\sqrt{R^2+\omega^2L^2}} .$$

Man nennt den Nenner $\sqrt{R^2+\omega^2L^2}$ in Erweiterung des Ohmschen Gesetzes <u>Wechselstromwiderstand</u> .

V. Übungsaufgaben

1) $y' + \frac{1}{x\cdot\ln x} y = 2$ Lösung : $y = 2\left(x - \frac{x}{\ln x} + \frac{C_1}{\ln x}\right)$

2) $\frac{y'}{\cos x} + \frac{y}{\sin x \cos^2 x} - 1 = 0$ Lösung : $y = \frac{C_1 - \cos x}{\tan x}$

3) $\frac{dy}{dx} = \frac{y}{x} + x^2 \sin x$ Lösung : $y = x(\sin x - x\cos x + C_1)$

4) $\frac{dy}{dx} + 2xy = x$ Lösung : $y = \frac{1}{2} + C_1 e^{-x^2}$

§ 9. Die Bernoulli – Differentialgleichung

I. Vorbemerkung

Unter den nicht–linearen Differentialgleichungen, die sich auch nicht mit den bisher besprochenen rechnerischen Methoden lösen lassen, bildet die Bernoulli-Differentialgleichung den einfachsten Fall. Sie besitzt die Form

$$\frac{dy}{dx} + P(x)y + Q(x)y^n = 0 ,$$

wobei n ein beliebiger Exponent ist. Für die Bernoulli-Differentialgleichung gibt es noch ein systematisches Lösungsverfahren, während die zugehörige inhomogene Differentialgleichung z.B. — RICATTIsche Differentialgleichung genannt — erst dann durch ein systematisches Vorgehen gelöst werden kann, wenn man bereits eine spezielle Lösung gefunden hat.

Überhaupt lassen sich die allgemeinen nicht-linearen Differentialgleichungen — von wenigen speziellen Werten der Koeffizienten abgesehen — nicht mehr in geschlossener Form und nicht mehr durch elementare Funktionen lösen.

Wir wollen daher unsere Liste der Differentialgleichungen 1. Ordnung und der zugehörigen Methoden mit der Bernoulli–Differentialgleichung abbrechen in dem Bewußtsein, daß damit die Möglichkeiten noch lange nicht erschöpft sind und viele Fälle ungeklärt bleiben.

II. Form und Kennzeichen einer Bernoulli - Differentialgleichung

Die Bernoulli-Differentialgleichung besitzt die Form

$$\frac{dy}{dx} + P(x)\cdot y + Q(x)\cdot y^n = 0 ,$$

wobei $P(x)$ und $Q(x)$ Funktionen von x oder Konstante sind und n ein beliebiger Exponent ist, der nicht ganzzahlig sein muß.

Trivial sind die Fälle $n = 0$ und $n = 1$, für die man eine lineare Differentialgleichung erhält.

III. Das Wesen der Methode

Man benutzt eine Substitution

$$y = z^k ,$$

wobei der Exponent k so gewählt wird, daß sich die Differentialgleichung so weit wie möglich vereinfacht, d.h. möglichst linear wird.

$$\frac{dy}{dx} = k \cdot z^{k-1} \cdot \frac{dz}{dx}$$

Einsetzen in die Differentialgleichung:

$$k \cdot z^{k-1} \cdot \frac{dz}{dx} + P(x) \cdot z^k + Q(x) z^{n \cdot k} = 0$$

Division durch $k \cdot z^{k-1}$:

$$\frac{dz}{dx} + \frac{1}{k} P(x) z + \frac{1}{k} Q(x) z^{n \cdot k - k + 1} = 0$$

Die Differentialgleichung ist linear, wenn der letzte Exponent Null wird. Dies ergibt die Bedingung für k:

$$n \cdot k - k + 1 = 0$$
$$k(n-1) = -1$$
$$k = \frac{1}{1-n}$$

IV. Rechnungsgang

1. Berechnung von $k = \dfrac{1}{1-n}$ und Substitution $y = z^k$.

2. Berechnung von $y^n = z^{n \cdot k}$ und $\dfrac{dy}{dx} = k \cdot z^{k-1} \cdot \dfrac{dz}{dx}$.

3. Einsetzen der Werte in die Differentialgleichung:

$$k \cdot z^{k-1} \frac{dz}{dx} + P(x) z^k + Q(x) \cdot z^{n \cdot k} = 0$$

4. Division durch $k \cdot z^{k-1}$ ergibt eine lineare Differentialgleichung für z, die nach der Methode von §8 gelöst wird.

5. Berechnung von y mit Hilfe der Gleichung

$$y = z^k .$$

V. Beispiele

1. Beispiel

Gegeben : $\frac{dy}{dx} + xy + x\sqrt{y} = 0$

Gesucht : Allgemeine Lösung

Lösung :

[1] $n = \frac{1}{2}, \quad k = 2, \quad y = z^2$

[2] $\sqrt{y} = z, \quad \frac{dy}{dx} = 2z \cdot \frac{dz}{dx}$

[3] $2z\frac{dz}{dx} + xz^2 + xz = 0$

[4] $\frac{dz}{dx} + \frac{1}{2}xz = -\frac{x}{2}$

homogene Differentialgleichung :

$$\frac{dz}{dx} + \frac{1}{2}xz = 0$$

$$\int\frac{dz}{z} = -\frac{1}{2}\int x\,dx$$

$$\ln z = -\frac{x^2}{4} + \ln C$$

$$z = Ce^{-\frac{x^2}{4}}$$

Ansatz für inhomogene Differentialgleichung :

$$z = C_x e^{-\frac{x^2}{4}}, \quad \frac{dz}{dx} = -\frac{x}{2}C_x e^{-\frac{x^2}{4}} + \frac{dC_x}{dx}e^{-\frac{x^2}{4}}$$

Einsetzen in die inhomogene Differentialgleichung (C_x fällt weg) :

$$\frac{dC_x}{dx}e^{-\frac{x^2}{4}} = -\frac{x}{2}$$

$$\frac{dC_x}{dx} = -\frac{x}{2}e^{\frac{x^2}{4}}$$

$$C_x = -\frac{1}{2}\int xe^{\frac{x^2}{4}}dx$$

Substitution : $u = \frac{x^2}{4}, \quad du = \frac{x}{2}dx$

$$C_x = -\int e^u du = -e^u + C_1 = -e^{\frac{x^2}{4}} + C_1$$

$$z = C_x e^{-\frac{x^2}{4}} = \left(C_1 - e^{\frac{x^2}{4}}\right) e^{-\frac{x^2}{4}} = C_1 e^{-\frac{x^2}{4}} - 1$$

[5] $y = z^2 = \left(C_1 e^{-\frac{x^2}{4}} - 1\right)^2$

2. Beispiel

Gegeben : $\sin x \frac{dy}{dx} + \cos x \cdot y + \cot x \cdot y^3 = 0$

Gesucht : Allgemeine Lösung .

Lösung :

[1] $n = 3 , \quad k = -\frac{1}{2} , \quad y = \frac{1}{\sqrt{z}}$

[2] $y^3 = \frac{1}{z\sqrt{z}} , \quad \frac{dy}{dx} = -\frac{1}{2}\frac{1}{z\sqrt{z}}\frac{dz}{dx}$

[3] $-\sin x \cdot \frac{1}{2} \cdot \frac{1}{z\sqrt{z}}\frac{dz}{dx} + \cos x \cdot \frac{1}{\sqrt{z}} + \cot x \cdot \frac{1}{z\sqrt{z}} = 0$

[4] Multiplikation mit $-\frac{2z\sqrt{z}}{\sin x}$:

$$\frac{dz}{dx} - 2z\frac{\cos x}{\sin x} = 2\frac{\cot x}{\sin x}$$

homogene Differentialgleichung :

$$\frac{dz}{dx} - 2z\frac{\cos x}{\sin x} = 0$$

$$\int \frac{dz}{z} = 2\int \frac{\cos x}{\sin x} dx$$

$$\ln z = 2\ln \sin x + \ln C$$

$$z = C \cdot \sin^2 x$$

Ansatz für die inhomogene Differentialgleichung :

$$z = C_x \cdot \sin^2 x , \quad \frac{dz}{dx} = 2\sin x \cos x \, C_x + \frac{dC_x}{dx}\sin^2 x$$

Einsetzen : (C_x fällt weg)

$$\frac{dC_x}{dx}\sin^2 x = 2\frac{\cot x}{\sin x}$$

$$\frac{dC_x}{dx} = 2\frac{\cos x}{\sin^4 x}$$

$$C_x = 2\int \frac{\cos x}{\sin^4 x} dx$$

Substitution : $u = \sin x$, $du = \cos x \, dx$

$$C_x = 2\int \frac{du}{u^4} = -\frac{2}{3}\frac{1}{u^3} + C_1 = -\frac{2}{3}\frac{1}{\sin^3 x} + C_1$$

$$z = C_x \cdot \sin^2 x = \left(C_1 - \frac{2}{3}\frac{1}{\sin^3 x}\right)\sin^2 x$$

$$z = C_1 \sin^2 x - \frac{2}{3}\frac{1}{\sin x}$$

5 $$y = \frac{1}{\sqrt{z}} = \frac{1}{\sqrt{C_1 \sin^2 x - \frac{2}{3}\cdot\frac{1}{\sin x}}}$$

VI. Übungsaufgaben

1) $y' + y + 3e^x \sqrt[3]{y^2} = 0$

Lösung: $k = 3$

$$z = Ce^{-\frac{1}{3}x} - \frac{3}{4}e^x$$

$$y = \left(Ce^{-\frac{1}{3}x} - \frac{3}{4}e^x\right)^3$$

2) $\frac{dy}{dx} + \frac{y}{x} + \frac{x}{y} = 0$

Lösung: $k = \frac{1}{2}$

$$z = \frac{C}{x^2} - \frac{x^2}{2}$$

$$y = \sqrt{\frac{C}{x^2} - \frac{x^2}{2}}$$

3) $\frac{y'}{\sin x} + y = \frac{1}{\sqrt{y}}$

Lösung: $k = \frac{2}{3}$

$$z = 1 + Ce^{\frac{3}{2}\cos x}$$

$$y = \sqrt[3]{\left(1 + Ce^{\frac{3}{2}\cos x}\right)^2}$$

§ 10. Gemischte Aufgaben

1. Aufgabe :

Gesucht ist die Kurvenschar mit der Eigenschaft, daß das Volumen, das bei Drehung der Kurve zwischen den Grenzen $x = 0$ und $x > 0$ (beliebig) um die x-Achse entsteht, gleich dem doppelten Volumen des Kegels mit Spitze im Koordinatenursprung ist, dessen Grundkreis mit der rechten Berandung des Drehkörpers zusammenfällt.

Lösung :

Ansatz : $\pi \int_0^x y^2 dx = 2 \cdot \frac{\pi}{3} y^2 \cdot x$

Differentiation des Ansatzes : $\pi y^2 = \frac{2\pi}{3} \{ y^2 + 2xyy' \}$

Umformung ergibt die Differentialgleichung : $y = 4xy'$

Ergebnis : $y = C \cdot \sqrt[4]{x}$

2. Aufgabe :

Die Jsoklinen einer Kurvenschar sind Parabeln 2. Ordnung mit Scheitelpunkt im Koordinatenursprung Jn allen Punkten mit der Abszisse 2 stimmen Steigung der Jsoklinen und der Kurven überein.

Lösung :

Gleichung der Parabelschar : $y = C \cdot x^2$

Steigung der gesuchten Kurvenschar auf der Jsoklinen mit Parameterwert C : $y' = 4C$.

Differentialgleichung der gesuchten Kurvenschar : $y' = 4 \frac{y}{x^2}$

Ergebnis : $y = Ce^{-\frac{4}{x}}$

3. Aufgabe :

Für welchen Wert von a läßt sich die folgende Differentialgleichung als vollständiges Differential schreiben, und wie lautet dann ihre Lösung :

$$x^2y' + y'\cos y + axy = 0$$

Lösung :

$a = 2$

Ergebnis : $x^2y + \sin y + C = 0$

4. Aufgabe :

Wie lautet die Gleichung der Kurvenschar, die folgende Bedingung erfüllt :
Das Rechteck, dessen einer Eckpunkt der Koordinatenursprung, dessen zweiter Eckpunkt die Projektion eines beliebigen Kurvenpunktes auf die x-Achse und dessen dritter Eckpunkt der Schnittpunkt der zugehörigen Tangente mit der y-Achse ist, ist dreimal so groß wie das Ordinatenquadrat des Punktes.

Lösung :

Ansatz : $x \cdot y - x^2y' = 3y^2$

Umformung der Differentialgleichung : $(x \cdot y - 3y^2)dx - x^2dy = 0$

Differentialgleichung von homogenem Grade, Ansatz : $y = x \cdot z$

$$\rightarrow \quad z = \frac{1}{3(\ln x + C)}$$

Ergebnis : $y = \dfrac{x}{3(\ln x + C)}$

5. Aufgabe :

Welche Kurven besitzen die Eigenschaft, daß die Kurvennormalen alle durch den Koordinatenursprung gehen ?

Lösung :

Ansatz : $-\dfrac{1}{y'} = \dfrac{y}{x}$

Differentialgleichung : $y' = -\frac{x}{y}$

Ergebnis : $x^2 + y^2 = c^2$ (Kreise um 0)

6. Aufgabe :

Gesucht sind die Differentialgleichung und die Funktionsgleichung der „Traktrix", die folgende geometrische Eigenschaft besitzt: Der Tangentenabschnitt vom Berührpunkt bis zum Schnittpunkt mit der x-Achse hat überall die gleiche Länge l. Die Traktrix heißt zu deutsch „Schleppkurve". Man kann ihre Eigenschaft auch folgendermaßen anschaulich durch eine Bewegung erklären: Am Anfang befindet sich eine Last bei $(0/l)$ auf der y-Achse. Ein Mann, der die Last an einem Seil von der Länge l hinter sich herzieht, beginnt, vom Koordinatenursprung in Richtung der x-Achse zu laufen. Gesucht ist die Bahnkurve der Last, wenn das Seil stets gestrafft ist und tangential an die Bahnkurve der Last verläuft.

Lösung:

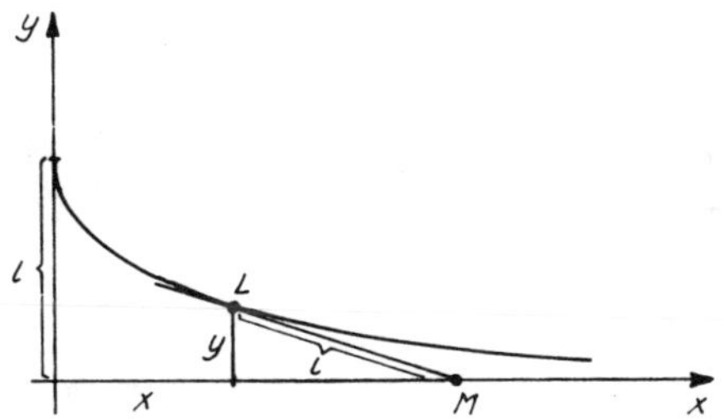

Aus der Geometrie :

(1) $$l^2 = y^2 + (x_M - x)^2$$

(2) $$y' = -\frac{y}{x_M - x}$$

Dies ergibt die Differentialgleichung :

$$y' = -\frac{y}{\sqrt{l^2 - y^2}}$$

Lösung durch Trennung der Variablen :

$$\int \sqrt{\frac{l^2}{y^2}-1}\, dy = -\int dx$$

Lösung des linken Integrals durch die Substitution

$$\frac{l}{y} = \cosh u \quad :$$

$$-l \int \frac{\sinh^2 u}{\cosh^2 u}\, du = -l \int \tanh^2 u\, du = -l\left\{u - \tanh u\right\}$$

Lösung der Differentialgleichung :

$$l\left\{\operatorname{arc\,cosh} \frac{l}{y} - \frac{\sqrt{l^2-y^2}}{l}\right\} = x$$

Die Integrationskonstante ist wegen der Anfangsbedingung $x = 0$, $y = l$ Null.

7. Aufgabe :

Aus einem Bassin mit konstanter Querschnittsfläche F fließt eine reibungsfreie Flüssigkeit durch eine Öffnung am Boden von der Grösse f aus. Wieviel Zeit vergeht, bis der Behälter leer ist, wenn die Wasserhöhe am Anfang H war?

Lösung :

Die Ausflußgeschwindigkeit ist abhängig von der Wasserhöhe. Aus der Physik ist die Formel

$$v = \sqrt{2gh}$$

bekannt.

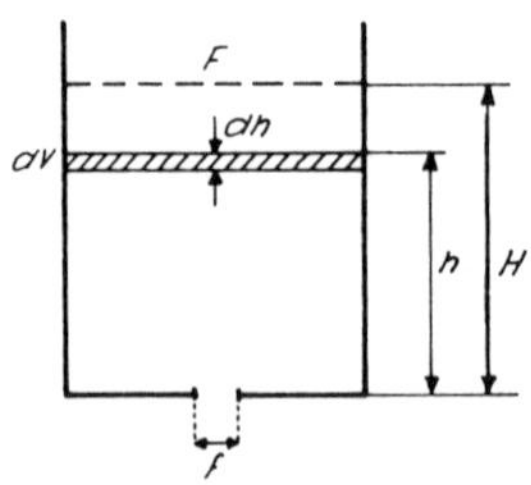

Jn dem kleinen Zeitintervall dt fällt der Wasserspiegel um dh. Das Volumen im Bassin nimmt um

$$dV = -F\,dh$$

ab (Minuszeichen, da Abnahme).

Jn der gleichen Zeit fließt durch die Öffnung am Boden ein Volumen mit der Grundfläche f und der Höhe $v \cdot dt = \sqrt{2gh} \cdot dt$.

Die beiden Volumina müssen gleich groß sein :

$$f \cdot \sqrt{2gh}\, dt = -F dh$$

Trennung der Variablen :

$$dt = -\frac{F}{f} \cdot \frac{1}{\sqrt{2g}} \cdot \frac{dh}{\sqrt{h}}$$

Während die Zeit von 0 bis T läuft (Gesamtzeit), nimmt die Höhe von H auf 0 ab. Dies liefert die Grenzen für die bestimmte Integration.

$$\int_0^T dt = -\frac{F}{f} \cdot \frac{1}{\sqrt{2g}} \int_H^0 \frac{dh}{\sqrt{h}}$$

$$T = \frac{F}{f} \cdot \frac{1}{\sqrt{2g}} \left[2\sqrt{h}\right]_0^H$$

$$T = \frac{F}{f} \sqrt{\frac{2H}{g}}$$

Kapitel 3. Differentialgleichungen 2. Ordnung

§1 Allgemeines

I. Definition

Eine Differentialgleichung 2. Ordnung ist eine solche, die als höchsten Differentialquotienten $\frac{d^2y}{dx^2}$ enthält; ferner können $\frac{dy}{dx}$, x und y auftreten.

II. Allgemeine Form einer Differentialgleichung 2. Ordnung

$$F\left(x, y, \frac{dy}{dx}, \frac{d^2y}{dx^2}\right) = 0$$

III. Integrationskonstanten

Da die allgemeine Lösung y durch „zweimalige Integration" gewonnen wird, enthält sie zwei Integrationskonstanten.

Zur Auswahl einer speziellen Lösung lassen sich jetzt zwei Bedingungen aufstellen.

Hier gibt es im Wesentlichen folgende beiden Möglichkeiten:

a) Man schreibt zwei Punkte $P_1(x_1, y_1)$, $P_2(x_2, y_2)$ vor, durch die die Lösungskurve hindurchgehen soll.

b) Man schreibt einen Punkt $P_1(x_1, y_1)$ und die zugehörige Steigung y_1' vor.

Die Lösungsschar einer Differentialgleichung enthält zwei frei wählbare Parameter. Daher geht jetzt nicht mehr wie bei den Differentialgleichungen 1. Ordnung durch jeden Punkt der (x,y)-Ebene eine Lösungskurve hindurch sondern beliebig viele mit allen möglichen Tangentenrichtungen.

§ 2. Spezielle Fälle von Differentialgleichungen 2. Ordnung .

I. Erster Fall von Differentialgleichungen 2. Ordnung

$$\frac{d^2y}{dx^2} = f(x) \qquad \text{oder} \qquad y'' = f(x) .$$

Die allgemeine Lösung erhält man durch zweimalige Integration :

$$\frac{dy}{dx} = \int f(x)\,dx + C_1$$

$$y = \int \left\{ \int f(x)\,dx \right\} dx + C_1 x + C_2$$

Beispiele zum 1. Fall von Differentialgleichungen 2. Ordnung .

1. Beispiel

Gegeben : $\frac{d^2y}{dx^2} = x^2$.

Gesucht : Spezielle Lösung, die durch den Koordinatenursprung mit der Steigung 1 hindurchgeht .

Lösung :

$$\frac{dy}{dx} = \frac{x^3}{3} + C_1$$

$$y = \frac{x^4}{12} + C_1 x + C_2 \qquad \text{allgemeine Lösung}$$

Bestimmung der Konstanten :

① $y(0) = 0 \longrightarrow C_2 = 0$

② $y'(0) = 1 \longrightarrow C_1 = 1$

Spezielle Lösung : $y = \frac{x^4}{12} + x$

2. Beispiel

Gegeben : Ein an seinen beiden Enden gestützter Balken , auf dessen Mitte eine Kraft P wirkt .

Gesucht : a) Die Gleichung seiner elastischen Linie .

b) Die maximale Einsenkung des Balkens .

<u>Vorbemerkungen</u> :

Die elastische Linie ist die gebogene Achse des Balkens.

In der Mechanik wird bewiesen, daß die Gleichung der elastischen Linie eines beliebigen Balkens lautet

$$J \cdot E \cdot \frac{d^2y}{dx^2} = M$$

unter der Voraussetzung, daß $\frac{dy}{dx}$ im Verhältnis zu den anderen Größen klein ist, d.h. für den Fall der „schwachen Durchbiegung" .

Im anderen Fall heißt die vollständige Gleichung :

$$J \cdot E \cdot \frac{y''}{\sqrt{1+(y')^2}^{\,3}} = M$$

Hierin bedeutet :

J = Trägheitsmoment der Balkenquerschnitte bezogen auf die Nullinie. (Diese ist bei reiner Biegung diejenige Schwerelinie, die auf der äußeren Kraft senkrecht steht.)

E = Elastizitätsmodul. (Eine vom Material des Balkens abhängige Konstante.)

x, y = laufende Koordinaten der elastischen Linie.

M = Biegungsmoment = Summe der Momente aller Kräfte links oder rechts vom Querschnitt.

Die Lagerreaktionen[1] A und B sind wegen der bestehenden Symmetrie einander gleich.

$$A = B = \frac{P}{2}$$

zu a) <u>Aufstellung der Gleichung der elastischen Linie für den gegebenen Balken</u>.

Man bringt den Balken in ein Koordinatensystem x, y derart, daß die x-Achse mit der horizontal gelegenen Balkenachse zusammenfällt, und die +y-Achse im

---

1) siehe R. Demmig : „Statik starrer Körper", Kapitel 17, § 3

Lager A senkrecht nach oben verläuft.

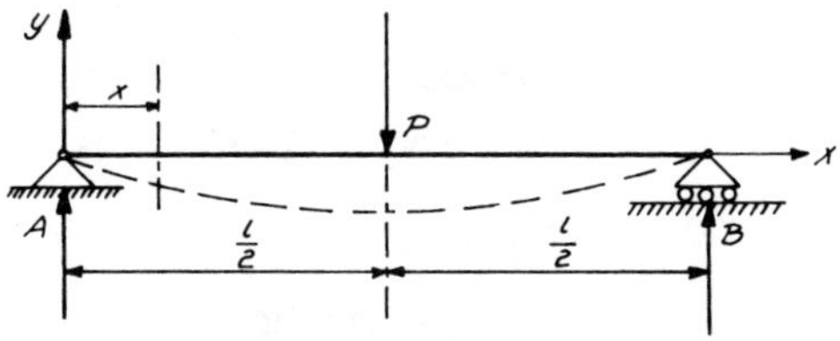

Für einen beliebigen, in der Entfernung x vom Lager A liegenden Querschnitt ist das Biegungsmoment (siehe Vorbemerkung)

$$M = A \cdot x = \frac{P}{2} x$$

Somit lautet die Gleichung der elastischen Linie für den Balken:

$$J \cdot E \frac{d^2y}{dx^2} = \frac{P}{2} x$$ Differentialgleichung 2. Ordnung.

Man löst diese Differentialgleichung, um die Gleichung der elastischen Linie als Funktion zwischen den Veränderlichen x und y zu erhalten.

<u>Lösung der Differentialgleichung</u>:

1

$$J \cdot E \cdot \frac{d^2y}{dx^2} = \frac{P}{2} x$$

$$J \cdot E \cdot \frac{dy}{dx} = \frac{P}{4} x^2 + C_1$$

$$J \cdot E \cdot y = \frac{P}{12} x^3 + C_1 x + C_2$$ allgemeine Lösung.

2 Da es sich hier um eine Aufgabe mit gegebenen Bedingungen handelt, müssen C_1 und C_2 bestimmte Werte annehmen.

<u>1. Bedingung</u>:

Die elastische Linie darf an den Lagerstellen keine Einsenkung erhalten, d.h. an diesen Stellen muß $y = 0$ sein. Daraus ergibt sich für das Lager A die Bedingung: für $x = 0$ ist $y = 0$.

Durch Einsetzen dieser Bedingung in die Gleichung

$$JEy = \frac{Px^3}{12} + C_1 x + C_2$$

erhält man $\quad 0 = 0 + 0 + C_2$.

Somit $\quad C_2 = 0$.

<u>2. Bedingung</u> :

Infolge der bestehenden Symmetrie hat die elastische Linie in der Mitte des Balkens die maximale Einsenkung. An dieser Stelle $x = \frac{l}{2}$ muß daher die Tangente an die elastische Linie horizontal verlaufen, also $\frac{dy}{dx} = 0$ sein.

Daraus ergibt sich die 2. Bedingung :

für $x = \frac{l}{2}$ ist $\frac{dy}{dx} = 0$.

Durch Einsetzen dieser Bedingung in die Gleichung

$JE\frac{dy}{dx} = \frac{Px^2}{4} + C_1$ erhält man

$$0 = \frac{Pl^2}{16} + C_1$$

Somit $\quad C_1 = -\frac{Pl^2}{16}$.

Durch Einsetzen der errechneten Werte für C_1 und C_2 in die allgemeine Lösung erhält man die partikuläre Lösung der Differentialgleichung.

$$JEy = \frac{Px^3}{12} - \frac{Pl^2}{16}x \; .$$

<u>Ergebnis</u>: Die Gleichung der elastischen Linie des gegebenen Balkens als Funktionsgleichung zwischen x und y lautet :

$$JEy = \frac{Px^3}{12} - \frac{Pl^2}{16}x \; .$$

zu b) <u>Berechnung der maximalen Einsenkung</u>.

Wie schon erwähnt, liegt die maximale Einsenkung f in der Mitte des Balkens.

Daraus folgt :

$$\text{für } x = \frac{l}{2} \text{ ist } y = f$$

Diese Werte setzt man in die Gleichung der elastischen Linie ein und erhält :

$$JEf = \frac{Pl^3}{96} - \frac{Pl^3}{32}$$

$$f = \frac{1}{JE}\left(\frac{Pl^3}{96} - \frac{Pl^3}{32}\right) = \frac{1}{JE}\left(\frac{Pl^3 - 3Pl^3}{96}\right)$$

$$f = -\frac{Pl^3}{48 \cdot J \cdot E}$$

Ergebnis : Die maximale Durchbiegung des Balkens beträgt $\frac{Pl^3}{48 \cdot J \cdot E}$ Längeneinheiten.

II. Zweiter Fall von Differentialgleichungen 2. Ordnung

$$\frac{d^2y}{dx^2} = f(y)$$

$$\text{oder} \qquad y'' = f(y) \quad .$$

Rechnungsgang

[1] Man setzt $y'\left(=\frac{dy}{dx}\right) = p$, wobei p eine Funktion von x ist, die man aber auch als mittelbare Funktion $p\left(y(x)\right)$ auffassen kann : Differentiation nach der Kettenregel ergibt :

$$y'' = \frac{dp}{dx} = \frac{dp}{dy} \cdot \frac{dy}{dx} = \frac{dp}{dy} \cdot p$$

Diese Werte für y' und y'' setzt man in die gegebene Gleichung ein und erhält :

$$\frac{dp}{dy} \cdot p = f(y) \qquad \text{Differentialgleichung 1. Ordnung für } p(y)$$

$$p \cdot dp = f(y) \cdot dy$$

$$\int p \cdot dp = \int f(y) \cdot dy$$

$$\frac{p^2}{2} = \int f(y) dy + C_1$$

$$p = \sqrt{2\left[\int f(y) dy + C_1\right]} = \frac{dy}{dx}$$

[2] Die so erhaltene Differentialgleichung löst man durch Trennung der Variablen.

$$dx = \frac{dy}{\sqrt{2[\int f(y)dy + C_1]}}$$

$$x = \int \frac{dy}{\sqrt{2[\int f(y)dy + C_1]}} + C_2 \quad .$$

(Da im Integral eine Wurzel im Nenner auftritt, bereitet die letzte Integration häufig Schwierigkeiten.)

Beispiele zum 2. Fall von Differentialgleichungen 2. Ordnung

1. Beispiel

Gegeben: $\frac{d^2y}{dx^2} = -\omega^2 y$

Gesucht: Spezielle Lösung zu den „Anfangsbedingungen" $y(0) = y_0$, $y'(0) = 0$.

Anmerkung:

Es handelt sich hier um die einfachste Art einer Schwingungsdifferentialgleichung. Mit diesen werden wir uns später in §5 noch ausführlich beschäftigen.

Lösung: [1] $\frac{dy}{dx} = p$

$$\frac{d^2y}{dx^2} = \frac{dp}{dy} \cdot \frac{dy}{dx} = \frac{dp}{dy} \cdot p$$

Einsetzen in die Differentialgleichung:

$$\frac{dp}{dy} p = -\omega^2 y$$

$$\int p\,dp = -\omega^2 \int y\,dy$$

$$\frac{p^2}{2} = -\omega^2 \frac{y^2}{2} + \frac{C_1}{2}$$

$$p = \pm\sqrt{C_1 - \omega^2 y^2} = \frac{dy}{dx}$$

Aus der Bedingung $y(0) = y_0$, $y'(0) = 0$ läßt sich bereits die Konstante C_1 bestimmen:

$$\sqrt{C_1 - \omega^2 y_0^2} = 0 \quad \longrightarrow \quad C_1 = \omega^2 y_0^2$$

$$\frac{dy}{dx} = \pm\omega\sqrt{y_0^2 - y^2} = \pm\omega y_0 \sqrt{1 - \left(\frac{y}{y_0}\right)^2}$$

[2] $$\int \frac{1}{\pm\sqrt{1-\left(\frac{y}{y_0}\right)^2}} \cdot \frac{dy}{y_0} = \int \omega\, dx$$

Das linke Integral ergibt die Funktion $\arcsin \frac{y}{y_0}$ bzw. $\arccos \frac{y}{y_0}$ je nachdem, ob man sich für das positive oder negative Vorzeichen entscheidet.

$$\operatorname{arc} \begin{Bmatrix} \sin \\ \cos \end{Bmatrix} \frac{y}{y_0} = \omega x + C_2 \quad .$$

Wählen wir die Funktion $\arccos \frac{y}{y_0}$, dann wird die Konstante C_2 Null wegen der Bedingung $y(0) = y_0$.

Dies ergibt:

$$\arccos \frac{y}{y_0} = \omega x$$

$$\frac{y}{y_0} = \cos \omega x$$

$$\underline{y = y_0 \cdot \cos \omega x}$$

2. Beispiel

Gegeben: $\frac{d^2y}{dx^2} = \frac{1}{\sqrt{y}}$

Gesucht: Spezielle Lösung für den Fall $y(0) = y'(0) = 0$

Lösung: [1] $$p \cdot \frac{dp}{dy} = \frac{1}{\sqrt{y}}$$

$$\int p\, dp = \int \frac{dy}{\sqrt{y}}$$

$$\frac{p^2}{2} = 2\sqrt{y} + \frac{C_2}{2}$$

$$p = \sqrt{4\sqrt{y} + C_2} = \frac{dy}{dx}$$

Aus den Bedingungen $y(0) = y'(0) = 0$ folgt: $C_2 = 0$.

$$\frac{dy}{dx} = \sqrt{4\sqrt{y}} = 2\sqrt[4]{y} \quad .$$

[2]

$$\int \frac{dy}{\sqrt[4]{y}} = 2\int dx$$

$$\frac{4}{3} y^{\frac{3}{4}} = 2x + \frac{4}{3} C_2$$

$$y^{\frac{3}{4}} = \frac{3}{2}x + C_2$$

Einsetzen der Bedingung $y(0) = 0$ ergibt $C_2 = 0$.

$$y^{\frac{3}{4}} = \frac{3}{2}x$$

$$\underline{y = \sqrt[3]{\left(\frac{3}{2}x\right)^4} = \frac{3}{2}x \sqrt[3]{\frac{3}{2}x}}$$

III. Dritter Fall von Differentialgleichungen 2. Ordnung

$$\frac{d^2y}{dx^2} = f\left(\frac{dy}{dx}\right) \qquad \text{oder} \qquad y'' = f(y')$$

Diese Differentialgleichung 2. Ordnung für y ist gleichzeitig eine Differentialgleichung 1. Ordnung in y' .

Rechnungsgang :

[1] Man setzt $y' = p$

dann ist $y'' = \frac{dp}{dx}$.

Diese Werte für y' und y'' setzt man in die gegebene Gleichung ein und erhält :

$$\frac{dp}{dx} = f(p)$$

$$dx = \frac{dp}{f(p)} \quad \text{eine Differentialgleichung 1. Ordnung .}$$

$$x = \int \frac{dp}{f(p)} + C_1$$

[2] Die so erhaltene Differentialgleichung löst man nach p auf und setzt wieder $p = \frac{dy}{dx}$ ein . Durch Integration erhält man daraus die Funktion y .

Beispiele zum 3. Fall von Differentialgleichungen 2. Ordnung

1. Beispiel

Gegeben: $(y'')^2 = (y')^3$

Gesucht: Allgemeine Lösung.

Lösung:

[1] $y' = p \qquad y'' = p' = \frac{dp}{dx}$

$$(p')^2 = p^3$$

Auflösen nach p':

$$p' = \sqrt{p^3}$$

$$\int \frac{dp}{\sqrt{p^3}} = \int dx$$

$$-2\,\frac{1}{\sqrt{p}} = x + C_1$$

$$\frac{1}{\sqrt{p}} = -\frac{x+C_1}{2}$$

$$p = \frac{4}{(x+C_1)^2}$$

[2] $\frac{dy}{dx} = p = \frac{4}{(x+C_1)^2}$

$$\int dy = 4\int \frac{dx}{(x+C_1)^2}$$

$$y = -\frac{4}{x+C_1} + C_2$$

2. Beispiel

Die Gleichung der Kettenlinie.

I. Definition

Befestigt man einen homogenen, der Schwere unterworfenen Faden (Kette) an zwei festen Punkten, so heißt die Kurve des durchhängenden Fadens „Kettenlinie".

II. Aufstellung der Gleichung der Kettenlinie

Gegeben ist ein der Schwere unterworfener Faden, der an den Punkten Q und R befestigt ist. Das Gewicht der Längeneinheit des Fadens ist q.

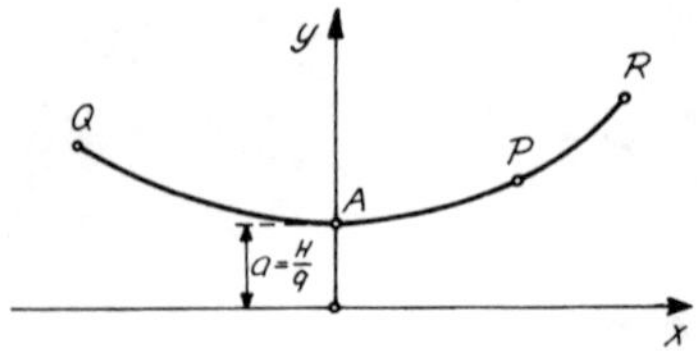

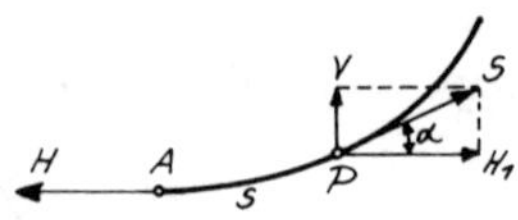

A sei der tiefste Punkt der Kettenlinie und liege auf der y-Achse. P sei ein beliebiger Punkt der Kettenlinie.

Das Stück AP des Fadens befindet sich infolge des Gleichgewichtes der darauf wirkenden Kräfte in Ruhe. Denkt man sich das Stück aus dem Faden herausgeschnitten, so muß man die Kräfte, die darauf wirken, durch andere ersetzen, damit der Gleichgewichtszustand erhalten bleibt. Man trägt in P die Kraft S, und in A die Kraft H an, so daß beide Kräfte tangential an die Kettenlinie wirken. (H ist dann horizontal gerichtet, da A der tiefste Punkt der Kettenlinie ist.)

Man zerlegt die Kraft S in zwei Komponenten, die Vertikalkraft V und die Horizontalkraft H_1.

Jst $AP = s$, so ist das Gewicht von $AP = q \cdot s$.

Aus den Gleichgewichtsbedingungen folgt:

Summe aller vertikalen Kräfte = 0	$V - q \cdot s = 0$
Summe aller horizontalen Kräfte = 0	$H - H_1 = 0$.

Hieraus $H = H_1$. Das heißt: Die horizontale Komponente der Fadenspannung ist an allen Stellen der Kettenlinie konstant $= H$.

Ferner ist: $$H \cdot \tan\alpha = V = q \cdot s$$

$$\tan\alpha = \frac{dy}{dx}$$

$$H \frac{dy}{dx} = q \cdot s$$

$$H \cdot \frac{d^2y}{dx^2} = q \cdot \frac{ds}{dx}$$

$$ds = \sqrt{dx^2 + dy^2} = dx \cdot \sqrt{1 + \left(\frac{dy}{dx}\right)^2}$$

$$\frac{ds}{dx} = \sqrt{1 + \left(\frac{dy}{dx}\right)^2}$$

Beim Einsetzen erhält man : $H \cdot \frac{d^2y}{dx^2} = q \cdot \sqrt{1 + \left(\frac{dy}{dx}\right)^2}$,

Differentialgleichung der Kettenlinie .

III. Lösung der erhaltenen Differentialgleichung

[1] $\frac{dy}{dx} = p \quad \Big| \quad \frac{d^2y}{dx^2} = \frac{dp}{dx}$.

Einsetzen dieser Werte in die Differentialgleichung .

$H \cdot \frac{dp}{dx} = q \cdot \sqrt{1 + p^2}$.

Es werde $\frac{H}{q} = a$ gesetzt .

$$\frac{dp}{\sqrt{1+p^2}} = \frac{dx}{a}$$

$$\int \frac{dp}{\sqrt{1+p^2}} = \frac{1}{a} \cdot \int dx$$

$$\text{ar sinh}\, p = \frac{x}{a} + C_1$$

$$p = \sinh\left(\frac{x}{a} + C_1\right)$$

Bestimmung von C_1 aus der Richtung der Tangente in A .

Für $x = 0$ ist $\frac{dy}{dx} = p = 0$;

daraus folgt : $C_1 = 0$

[2] $\frac{dy}{dx} = p = \sinh \frac{x}{a}$

$$y = \int \sinh \frac{x}{a} \cdot dx = a \cdot \cosh \frac{x}{a} + C_2$$

Bestimmung von C_2 aus der Lage von A .

Für $x = 0$ ist $y = a$

Also : $C_2 = 0$

und $y = a \cdot \cosh\frac{x}{a} = \frac{a}{2}\left(e^{\frac{x}{a}} + e^{-\frac{x}{a}}\right)$

Ergebnis : Die Gleichung der Kettenlinie lautet :

$$y = a \cdot \cosh\frac{x}{a} = \frac{a}{2}\left(e^{\frac{x}{a}} + e^{-\frac{x}{a}}\right)$$

(siehe auch „Differentialrechnung", Kapitel 3, § 14.)

IV. Vierter Fall von Differentialgleichungen 2. Ordnung

$$F\left(\frac{d^2y}{dx^2}, \frac{dy}{dx}, x\right) = 0$$

Die Funktion y tritt selbst nicht in der Differentialgleichung auf, d.h. es handelt sich auch hier wieder wie im vorhergehenden Fall um eine Differentialgleichung 1. Ordnung für y'.

Rechnungsgang

[1] Man setzt $\frac{dy}{dx} = p$;

dann ist $\frac{d^2y}{dx^2} = \frac{dp}{dx}$.

Diese Werte setzt man in die gegebene Differentialgleichung ein und erhält :

$$F\left(\frac{dp}{dx}, p, x\right) = 0 \quad \text{eine Differentialgleichung 1. Ordnung.}$$

[2] Man löst die so erhaltene Differentialgleichung 1. Ordnung.

[3] Aus der Lösung $p(x)$ erhält man durch Integration die gesuchte Funktion $y(x)$.

Beispiel

Gegeben : $x + y' - xy'' = 0$

Gesucht : Allgemeine Lösung .

Lösung:

[1] $y' = p \,, \quad y'' = p'$.

$x + p - xp' = 0$.

[2] Die Gleichung ist homogen von 1. Grade, wie man an der Umformung

$$(x+p)dx - xdp = 0$$ erkennt.

Substitution $p = x \cdot z \,, \quad dp = xdz + zdx$

ergibt:

$$(x + x \cdot z)dx - x(xdz + zdx) = 0 \quad | : x$$

$$(1+z)\,dx - (xdz + zdx) = 0$$

$$dx - xdz = 0$$

$$\int dz = \int \frac{dx}{x}$$

$$z = \ln x + C_1$$

$$p = x \cdot z = x \cdot \ln x + C_1 x$$

[3] $\frac{dy}{dx} = p = x \cdot \ln x + C_1 x$

$$y = \int (x \ln x + C_1 x)\,dx$$

$$= \frac{x^2}{2} \ln x - \frac{x^2}{4} + C_1 \frac{x^2}{2} + C_2$$

V. Fünfter Fall von Differentialgleichungen 2. Ordnung.

$$F\left(\frac{d^2y}{dx^2}, \frac{dy}{dx}, y\right) = 0 \; .$$

Die Veränderliche x tritt nicht explizit in der Differentialgleichung auf. Die Lösungsmethode zielt darauf, das x vollständig aus der Differentialgleichung zu eliminieren und verläuft analog zum 2. Fall.

Rechnungsgang

[1] Man setzt $\frac{dy}{dx} = p$;

dann ist $\frac{d^2y}{dx^2} = \frac{dp}{dy} \cdot \frac{dy}{dx} = p \cdot \frac{dp}{dy}$

Diese Werte setzt man in die gegebene Differentialgleichung ein und erhält eine Differentialgleichung 1. Ordnung für $p(y)$:

[2] $$F\left(p\frac{dp}{dy}, p, y\right) = 0 .$$

[3] Man macht nun die Substitution rückgängig und erhält so nochmals eine Differentialgleichung 1. Ordnung,

$$\frac{dy}{dx} = p(y) ,$$

die sich durch Trennung der Variablen lösen läßt.

Beispiel

Gegeben: $y'' = y \cdot (y')^4$.

Gesucht: Spezielle Lösung zu den Anfangsbedingungen:

$y(0) = 0 , \quad \frac{dy}{dx}(0) = 1$.

Lösung: [1] $y' = p \qquad y'' = p \cdot \frac{dp}{dy}$

$$p \cdot \frac{dp}{dy} = y \cdot p^4 .$$

[2] Trennung der Variablen:

$$\int \frac{dp}{p^3} = \int y\,dy$$

$$-\frac{1}{2}\frac{1}{p^2} = \frac{y^2}{2} - \frac{C_1^2}{2}$$

$$-\frac{1}{p^2} = y^2 - C_1^2$$

$$p^2 = \frac{1}{C_1^2 - y^2}$$

$$p = \frac{1}{\pm\sqrt{C_1^2 - y^2}} = \frac{dy}{dx}$$

Aus den Anfangsbedingungen $y(0) = 0$, $y'(0) = 1$ folgen $C_1 = 1$ und das positive Vorzeichen der Wurzel: $\quad \frac{dy}{dx} = \frac{1}{\sqrt{1-y^2}}$

[3] $$\int \sqrt{1-y^2}\,dy = \int dx$$

[Das Integral wird durch Substitution $y = \sin\varphi$,

$dy = \cos\varphi \, d\varphi$ gelöst.]

$$\frac{1}{2}\left(\arcsin y + y\sqrt{1-y^2}\right) = x + C_2$$

Aus der Bedingung $y(0) = 0$ folgt: $C_2 = 0$.

Ergebnis: $$x = \frac{1}{2}\left(\arcsin y + y\sqrt{1-y^2}\right)$$

VI. Übungsaufgaben

1) Gesucht ist das Bewegungsgesetz $x(t)$ für den Fall, daß die Beschleunigung umgekehrt proportional zur Geschwindigkeit ist.

Lösung:

Differentialgleichung: $\ddot{x} = \frac{C}{\dot{x}}$

Substitution: $\dot{x} = v, \quad \ddot{x} = \frac{dv}{dt}$

$\longrightarrow \quad v = \pm\sqrt{2(Ct + C_1)}$

Ergebnis: $x(t) = \pm\frac{1}{3C}\sqrt{2(Ct+C_1)}^3 + C_2$

2) Gesucht ist das Bewegungsgesetz für den Fall, daß die Beschleunigung zahlenmäßig gleich dem zurückgelegten Weg, diesem aber in der Richtung entgegengesetzt ist.

Lösung:

Differentialgleichung: $\ddot{x} = -x$

Substitution: $\dot{x} = v, \quad \ddot{x} = \frac{dv}{dx} \cdot v$

$\longrightarrow \quad v = \pm\sqrt{C_1^2 - x^2}$

$\arcsin \frac{x}{C_1} = t + C_2$

Ergebnis: $x = C_1 \cdot \sin(t + C_2)$

3) Man bilde ganz allgemein das Kraftintegral $\int K \cdot dx$ für die Kraft $m \cdot \ddot{x}$ unter Benutzung der gleichen Substitution wie in den Abschnitten II. und V.

Lösung:

$$\ddot{x} = \frac{d\dot{x}}{dx} \cdot \frac{dx}{dt} = \frac{dv}{dx} \cdot v$$

$$\int K dx = \int m \cdot v \cdot \frac{dv}{dx} \cdot dx = \int m v dv$$

$$= \frac{m}{2} v^2$$

Ergebnis: Das Jntegral der beschleunigenden Kraft ergibt die kinetische Energie.

§ 3. Lineare Differentialgleichungen 2. Ordnung.

I. Definition

Eine lineare Differentialgleichung 2. Ordnung ist eine solche, die $y, \frac{dy}{dx}, \frac{d^2y}{dx^2}$ im 1. Grade enthält (linear). Die unabhängige Veränderliche x braucht nicht linear aufzutreten.

II. Form und Kennzeichen einer linearen Differentialgleichung 2. Ordnung

Allgemeine Form:

$$\frac{d^2y}{dx^2} + P(x)\frac{dy}{dx} + Q(x) \cdot y = R(x)$$

oder:

$$y'' + P(x)y' + Q(x)y = R(x)$$

Kennzeichen: $y, \frac{dy}{dx}$ und $\frac{d^2y}{dx^2}$ müssen im 1. Grade auftreten

$P(x)$, $Q(x)$, $R(x)$ sind Funktionen von x oder Konstante.

III. Einteilung der linearen Differentialgleichungen 2. Ordnung.

a) Jst in der allgemeinen Form $R(x) = 0$, so heißt die Gleichung „homogen". (Man beachte auch hier wieder den Unterschied in der Bedeutung des Wortes „homogen" im Vergleich zu Kapitel 2, §5.)

Die Form einer homogenen linearen Differentialgleichung lautet:

$$\frac{d^2y}{dx^2} + P(x)\frac{dy}{dx} + Q(x)y = 0 \ .$$

Jst in der allgemeinen Form der Gleichung $R(x)$ eine Funktion von x oder eine Konstante $\neq 0$, so heißt die Gleichung „inhomogen" oder „Differentialgleichung mit Störungsfunktion" und $R(x)$ wird die Störungsfunktion genannt.

b) Man unterscheidet lineare Differentialgleichungen 2. Ordnung mit konstanten Koeffizienten und mit variablen Koeffizienten.

Jm ersten Fall hat die Differentialgleichung die Gestalt:

$$\frac{d^2y}{dx^2} + P \cdot \frac{dy}{dx} + Q \cdot y = R(x) \ ,$$

wobei P und Q Konstante sind. Jm zweiten Fall können die Koeffizienten P und Q auch von x abhängen.

IV. Homogene lineare Differentialgleichungen 2. Ordnung

a) Allgemeine Form: $$\frac{d^2y}{dx^2} + P(x)\frac{dy}{dx} + Q(x)y = 0 \ .$$

b) Überlagerung von partikulären Lösungen:

Sind y_1 und y_2 zwei partikuläre Lösungen der Differentialgleichung, so sind auch ihre Summe und Differenz — oder allgemein — alle „Linearkombinationen"

$$y = C_1 y_1 + C_2 y_2$$

mit beliebigen Konstanten C_1 und C_2 Lösungen der Differentialgleichung.

Beweis :

Da y_1 laut Voraussetzung Lösung ist, erfüllt es die Differentialgleichung :

(I) $$y_1'' + P(x)\,y_1' + Q(x)\,y_1 = 0 \quad .$$

Analog gilt :

(II) $$y_2'' + P(x)\,y_2' + Q(x)\,y_2 = 0 \quad .$$

Einsetzen der Linearkombination $y = C_1 y_1 + C_2 y_2$ ergibt wegen $y' = C_1 y_1' + C_2 y_2'$ und $y'' = C_1 y_1'' + C_2 y_2''$

$$y'' + P(x)y' + Q(x)y = C_1\underbrace{\left(y_1'' + P(x)y_1' + Q(x)y_1\right)}_{=0 \text{ wegen (I)}} + C_2\underbrace{\left(y_2'' + P(x)y_2' + Q(x)y_2\right)}_{=0 \text{ wegen (II)}} = 0$$

Also erfüllt auch y die Differentialgleichung, d.h. auch y ist Lösung .

c) Allgemeine Lösung

Die allgemeine Lösung muß zwei Integrationskonstanten besitzen. Man erhält sie also als Linearkombination von zwei unabhängigen partikulären Lösungen

$$y = C_1 y_1 + C_2 y_2$$

d) Anmerkung

Der Beweis von b) war unabhängig von der Ordnung der Differentialgleichung . Die Aussage c) in Verbindung mit b) gilt daher analog auch für lineare Differentialgleichungen höherer Ordnung .

Man kann in der Aussage sogar noch wesentlich weiter gehen : Eigentlich wurde ja nur die Eigenschaft der Linearität der Gleichung beim Aufspalten der Summe $C_1 y_1 + C_2 y_2$ benutzt. Die partikulären Lösungen kann man also bei allen linearen Gleichungen linear überlagern (z.B. lineare algebraische Gleichungen, lineare Integralgleichungen u.s.w.) .

V. Inhomogene Differentialgleichungen 2. Ordnung

(Differentialgleichungen mit Störungsfunktion)

a) Allgemeine Form:
$$\frac{d^2y}{dx^2} + P(x)\frac{dy}{dx} + Q(x)\,y = R(x)$$

oder:
$$y'' + P(x)\,y' + Q(x)\,y = R(x)$$

$R(x)$ heißt die Störungsfunktion.

b) Allgemeine und spezielle Lösung:

Es gilt folgender fundamentale Satz:

> Die allgemeine Lösung einer inhomogenen linearen Differentialgleichung ist die Summe aus
> der allgemeinen Lösung der zugehörigen homogenen Differentialgleichung
> + einer speziellen Lösung der inhomogenen Differentialgleichung.

Der Lösungsgang zeichnet sich also folgendermaßen ab:

[1] Man löst die zugehörige homogene Differentialgleichung:
$$y'' + P(x)\,y' + Q(x)\,y = 0$$
und bestimmt ihre allgemeine Lösung
$$u = C_1 y_1 + C_2 y_2$$
als Linearkombination zweier spezieller Lösungen y_1 und y_2.
(Die Frage, wie man y_1 und y_2 findet, wird Gegenstand der folgenden Abschnitte sein.)

[2] Man sucht eine spezielle Lösung v der gegebenen inhomogenen Differentialgleichung
$$y'' + P(x)\,y' + Q(x)\,y = R(x).$$
Dabei ist es ganz gleichgültig, welche spezielle Lösung man auswählt.
In manchen Fällen läßt sich v vielleicht erraten; systematische Verfahren zur Bestimmung von v werden ebenfalls in

den folgenden Abschnitten besprochen.

3 Die allgemeine Lösung der vorgelegten Differentialgleichung lautet dann: $y = u + v$.

Beweis :

Der Beweis muß in zwei Etappen geführt werden :

1.) Es ist zu zeigen, daß mit der speziellen Lösung v auch die Summe $u+v$ eine Lösung der Differentialgleichung ist.

2.) Danach ist zu beweisen, daß diese Lösung die allgemeine Lösung ist. Das bedeutet, daß jede andere spezielle Lösung $\tilde{v}$ bereits in der Summe $u+v$ enthalten sein muß.

zu 1): u ist die Lösung der homogenen Differentialgleichung :

(I) $u'' + P(x)u' + Q(x)u = 0$,

v ist eine Lösung der inhomogenen Differentialgleichung :

(II) $v'' + P(x)v' + Q(x)v = R(x)$.

Die Summe $y = u+v$ wird auf der linken Seite der Differentialgleichung eingesetzt :

$$y'' + P(x)y' + Q(x)y = (u''+v'') + P(x)(u'+v') + Q(x)(u+v)$$

$$= \underbrace{(u''+P(x)u'+Q(x)u)}_{=0 \text{ wegen (I)}} + \underbrace{(v''+P(x)v'+Q(x)v)}_{=R(x) \text{ wegen (II)}}$$

$$= R(x) .$$

Somit erfüllt y die Differentialgleichung, d.h. y ist tatsächlich auch eine Lösung der Differentialgleichung.

zu 2): Es ist zu zeigen, daß jede andere, beliebige spezielle Lösung $\tilde{v}$ in der Summe $y = u+v$ enthalten ist.

Zu diesem Zweck untersuchen wir die Differenzfunktion $\tilde{v} - v$.

Einsetzen dieser Funktion auf der linken Seite der Differentialgleichung ergibt :

$$(\tilde{v}-v)'' + P(x)(\tilde{v}-v)' + Q(x)(\tilde{v}-v) =$$

$$= \underbrace{(\tilde{v}'' + P(x)\tilde{v}' + Q(x)\tilde{v})}_{= R(x) \text{ wegen (II)}} - \underbrace{(v'' + P(x)v' + Q(x)v)}_{= R(x) \text{ wegen (II)}}$$

$$= 0$$

Also ist $\tilde{v} - v = \tilde{u}$

eine Lösung der homogenen Differentialgleichung, die in der allgemeinen Lösung u der homogenen Differentialgleichung enthalten ist.

$$\tilde{v} = \tilde{u} + v$$

ist also in

$$y = u + v \quad \text{enthalten.}$$

Daraus folgt:

y ist die allgemeine Lösung.

Anmerkung:

Auch hier wurde zum Beweis beim Aufspalten der Summen und Differenzen nur die Linearität der Differentialgleichung benutzt.

Der voranstehende Satz gilt also wiederum für lineare Differentialgleichungen beliebiger Ordnung und darüber hinaus für alle linearen Gleichungen.

VI. Beispiele

1. Beispiel

Gegeben: $\frac{d^2y}{dx^2} + \omega^2 y = x$

Gesucht: Allgemeine Lösung.

Lösung: Wie aus §2, Abschnitt II., 1. Beispiel hervorgeht, besitzt die homogene Differentialgleichung

$$\frac{d^2y}{dx^2} + \omega^2 y = 0$$

die zwei voneinander unabhängigen Partikularlösungen:

$$y_1 = \sin \omega x$$
$$y_2 = \cos \omega x \quad .$$

Somit lautet die allgemeine Lösung der homogenen Differentialgleichung

$$u = C_1 \cos \omega x + C_2 \sin \omega x$$

[2] Eine spezielle Lösung der inhomogenen Differentialgleichung läßt sich durch Raten finden:

$$v = \frac{x}{\omega^2} \quad .$$

[Kontrolle: $v'' = 0$, $v'' + \omega^2 v = x$]

[3] Die allgemeine Lösung der gegebenen Differentialgleichung lautet:

$$y = C_1 \cos \omega x + C_2 \sin \omega x + \frac{x}{\omega^2}$$

Das folgende Beispiel soll dazu dienen, die — zunächst verblüffende — Aussage des vorangehenden Satzes transparent zu machen, daß nämlich die allgemeine Lösung $y = u + v$ unabhängig von der willkürlichen Wahl der speziellen Lösung v ist.

2. Beispiel

Gegeben: $y' \cos x - y \sin x = \sin 2x$

Gesucht: Allgemeine Lösung.

Lösung: [1] Lösung der homogenen Differentialgleichung:

$$y' \cos x - y \sin x = 0$$

Trennung der Veränderlichen

$$\int \frac{dy}{y} = \int \frac{\sin x}{\cos x}\, dx \quad .$$

$$\ln y = -\ln \cos x + \ln C$$

$$y = \frac{C}{\cos x} \equiv u$$

[2][3] Lösung der inhomogenen Differentialgleichung

durch Variation der Konstanten.

Ansatz: $$y = \frac{C_x}{\cos x}$$

Einsetzen in die Differentialgleichung (C_x fällt weg):

$$\frac{C'}{\cos x} \cdot \cos x = \sin 2x$$

$$\frac{dC_x}{dx} = \sin 2x$$

$$\rightarrow \qquad C_x = \int \sin 2x \, dx$$

Für die Integration gibt es zwei Möglichkeiten:

a) $$C_x = \int \sin 2x \, dx = -\frac{1}{2}\cos 2x + C$$

b) $$C_x = \int \sin 2x \, dx = 2\int \sin x \cos x \, dx = \sin^2 x + C$$

Demnach gibt es auch zwei Formen für die Lösung der Differentialgleichung, die beide die gleiche Lösungsschar beschreiben:

a) $$y = \frac{C}{\cos x} - \frac{\cos 2x}{2\cos x} = \frac{2C - \cos 2x}{2\cos x},$$

b) $$y = \frac{C}{\cos x} + \frac{\sin^2 x}{\cos x} = \frac{C + \sin^2 x}{\cos x},$$

oder — mit anderen Worten — wir haben zwei verschiedene spezielle Lösungen der gegebenen Differentialgleichung benutzt, nämlich

$$v = -\frac{\cos 2x}{2\cos x} \qquad \text{und} \qquad \tilde{v} = \frac{\sin^2 x}{\cos x}.$$

Nun können wir noch zeigen, daß die Lösung $\tilde{v}$ in der Lösung a) enthalten ist.

Für $C = \frac{1}{2}$ erhält man nämlich in a):

$$y = \frac{1 - \cos 2x}{2\cos x} = \frac{2\sin^2 x}{2\cos x} = \frac{\sin^2 x}{\cos x} = \tilde{v}.$$

Ebenso ist die spezielle Lösung v in der Form b) der Lösung enthalten.

Für $C = -\frac{1}{2}$ erhält man nämlich in b):

$$y = \frac{-\frac{1}{2} + \sin^2 x}{\cos x} = \frac{2\sin^2 x - 1}{2\cos x} = -\frac{\cos 2x}{2\cos x} = v.$$

§ 4. Lineare homogene Differentialgleichungen 2. Ordnung mit konstanten Koeffizienten .

I. Form einer linearen homogenen Differentialgleichung 2. Ordnung mit konstanten Koeffizienten .

$$y'' + Py' + Qy = 0 \quad ,$$

wobei P und Q Konstante sind .

II. Lösungsweg

Man macht den Lösungsansatz $y = e^{rx}$ mit noch unbestimmtem r . Dieser Ansatz wird sicher zum Ziel führen , da sich die Ableitungen y' und y'' laut Differentialgleichung nur um einen konstanten Faktor von y unterscheiden .

$$y = e^{rx} \longrightarrow y' = re^{rx}, \quad y'' = r^2 e^{rx} \quad .$$

Rechnungsgang :

1 Man setzt $y = e^{rx}$ (angenommene Lösung) .

Dann ist $\frac{dy}{dx} = r \cdot e^{rx}$

und $\frac{d^2y}{dx^2} = r^2 \cdot e^{rx}$.

Diese Werte setzt man in die gegebene Differentialgleichung ein .

$$r^2 \cdot e^{rx} + P \cdot r \cdot e^{rx} + Qe^{rx} = 0 \quad .$$

Man dividiert beide Seiten der Gleichung durch e^{rx} und erhält :

$$r^2 + P \cdot r + Q = 0 \quad ,$$

die „charakteristische Gleichung" der Differentialgleichung .

2 Die charakteristische Gleichung löst man nach r auf und erhält für jede Lösung r_1 und r_2 eine partikuläre Lösung der Differen-

tialgleichung :

$$y_1 = e^{r_1 x}, \quad y_2 = e^{r_2 x} .$$

Bei der Lösung der charakteristischen Gleichung können folgende drei Fälle auftreten :

<u>1. Fall</u> : Die Lösungen r_1 und r_2 sind reell und verschieden.
Die allgemeine Lösung der Differentialgleichung lautet :

$$y = C_1 e^{r_1 x} + C_2 e^{r_2 x} .$$

<u>2. Fall</u> : Die Lösungen r_1 und r_2 sind konjugiert komplex.
Jn diesem Fall müssen y_1 und y_2 nach dem Eulerschen Satz umgeformt werden .

Jst $r_1 = \alpha + i\beta$ und $r_2 = \alpha - i\beta$, so lauten die zugehörigen komplexen Partikulärlösungen

$$\bar{y}_1 = e^{(\alpha+i\beta)x} = e^{\alpha x} e^{i\beta x} = e^{\alpha x}(\cos\beta x + i\sin\beta x)$$

und

$$\bar{y}_2 = e^{(\alpha-i\beta)x} = e^{\alpha x} e^{-i\beta x} = e^{\alpha x}(\cos\beta x - i\sin\beta x)$$

Allgemeine Lösung :

$$\begin{aligned}\bar{y} &= \bar{C}_1\bar{y}_1 + \bar{C}_2\bar{y}_2 \\ &= \bar{C}_1 e^{\alpha x}(\cos\beta x + i\sin\beta x) + \bar{C}_2 e^{\alpha x}(\cos\beta x - i\sin\beta x) \\ &= e^{\alpha x}\left[(\bar{C}_1 + \bar{C}_2)\cos\beta x + i(\bar{C}_1 - \bar{C}_2)\sin\beta x\right]\end{aligned}$$

Jn dieser komplexen Lösung $\bar{y}$ sind selbstverständlich auch die Konstanten $\bar{C}_1$ und $\bar{C}_2$ komplexe Zahlen.
Da wir nur an einer reellen Lösung interessiert sind, greifen wir aus $\bar{y}$ nur den Realteil heraus und nennen diesen y.
Den Realteil von $\bar{C}_1 + \bar{C}_2$ nennen wir C_1 und den Realteil von $i(\bar{C}_1 - \bar{C}_2)$ nennen wir C_2 .
Dann lautet die gesuchte reelle Lösung :

$$y = e^{\alpha x}(C_1\cos\beta x + C_2\sin\beta x)$$

Die Lösungskurve ist eine „gedämpfte Schwingung", deren Amplitude exponentiell abklingt, falls $\alpha < 0$, im Falle $\alpha > 0$ eine „aufgeschaukelte Schwingung" mit exponentiell zunehmender Amplitude .
Der Sonderfall $\alpha = 0$, d.h. $r_1 = i\beta$ und $r_2 = -i\beta$, beide imaginär, ergibt eine einfache harmonische Schwingung :

$$y = C_1 \cos \beta x + C_2 \sin \beta x \ .$$

3. Fall: Die Lösungen r_1 und r_2 sind reell und gleich. Man erhält auf diese Weise also nur eine partikuläre Lösung:

$r_1 = r_2 \equiv r$: $\quad y_1 = e^{rx}$

Die zweite partikuläre Lösung lautet:

$$y_2 = x e^{rx} \ ,$$

wie man durch Einsetzen in die Differentialgleichung zeigt.

$y_2' = e^{rx}(rx+1) \ , \qquad y_2'' = e^{rx}(r^2x+2r)$

$$\begin{aligned} y_2'' + Py_2' + Qy_2 &= e^{rx}\left[(r^2x+2r) + P(rx+1) + Qx\right] \\ &= e^{rx}\left[\underbrace{(r^2+Pr+Q)}_{0}x + \underbrace{(2r+P)}_{0}\right] \\ &= 0 \end{aligned}$$

Die erste Klammer wird Null, da r die charakteristische Gleichung erfüllt. Die zweite Klammer wird Null, da die doppelte Lösung der charakteristischen Gleichung den Wert $r = -\frac{P}{2}$ hat.

III. Beispiele

1. Beispiel

Gegeben: $\dfrac{d^2y}{dx^2} + 3\dfrac{dy}{dx} - 10y = 0$

Gesucht: Allgemeine Lösung.

Lösung:

[1]
$$\left.\begin{aligned} y &= e^{rx} \\ \frac{dy}{dx} &= r \cdot e^{rx} \\ \frac{d^2y}{dx^2} &= r^2 \cdot e^{rx} \end{aligned}\right\} \text{ einsetzen in die gegebene Differentialgleichung.}$$

$r^2 \cdot e^{rx} + 3re^{rx} - 10e^{rx} = 0$

$r^2 + 3r - 10 = 0$ charakteristische Gleichung.

[2] $(r-2)(r+5) = 0$

$r_1 = 2$

$r_2 = -5$

$$\left.\begin{array}{l} y_1 = e^{2x} \\ y_2 = e^{-5x} \end{array}\right| \text{ partikuläre Lösungen}$$

$$y = C_1 e^{2x} + C_2 e^{-5x} \quad \text{allgemeine Lösung.}$$

2. Beispiel

Gegeben : $\frac{d^2y}{dx^2} - k^2 y = 0$

Gesucht : Allgemeine Lösung.

Lösung : [1]

$$\left.\begin{array}{l} y = e^{rx} \\ \frac{dy}{dx} = r \cdot e^{rx} \\ \frac{d^2y}{dx^2} = r^2 \cdot e^{rx} \end{array}\right\} \text{ einsetzen}$$

$$r^2 \cdot e^{rx} - e^{rx} \cdot k^2 = 0$$

$$r^2 - k^2 = 0 \quad \text{charakteristische Gleichung.}$$

$$r^2 = k^2 .$$

[2] $r_1 = +k \,, \quad r_2 = -k \,.$

$$\left.\begin{array}{l} y_1 = e^{kx} \\ y_2 = e^{-kx} \end{array}\right\} \text{ partikuläre Lösungen.}$$

$$y = C_1 e^{kx} + C_2 e^{-kx} \quad \text{allgemeine Lösung.}$$

3. Beispiel

Gegeben : $\frac{d^2y}{dx^2} + k^2 y = 0$

Gesucht : Allgemeine Lösung.

Lösung : [1] $r^2 + k^2 = 0$ charakteristische Lösung.

[2] $r^2 = -k^2$

$$r = \pm\sqrt{-k^2}$$

$$r_1 = +\sqrt{-k^2} = ik$$

$$r_2 = -\sqrt{-k^2} = -ik$$

$$\left.\begin{aligned}\bar{y}_1 &= e^{ikx}\\ \bar{y}_2 &= e^{-ikx}\end{aligned}\right\}\ \text{partikuläre (komplexe) Lösungen.}$$

$$\bar{y} = \bar{C}_1 \cdot e^{ikx} + \bar{C}_2 \cdot e^{-ikx}$$

Nach Euler ist:

$$\bar{y} = \bar{C}_1(\cos kx + i\sin kx) + \bar{C}_2(\cos kx - i\sin kx)$$

$$\bar{y} = \underbrace{(\bar{C}_1 + \bar{C}_2)}\cos kx + \underbrace{i(\bar{C}_1 - \bar{C}_2)}\sin kx$$

Realteil: C_1 Realteil: C_a

Allgemeine (reelle) Lösung:

$$y = C_1 \cos kx + C_2 \sin kx\ .$$

4. Beispiel

Gegeben: $\frac{d^2y}{dx^2} - 4\frac{dy}{dx} + 4y = 0$.

Gesucht: Allgemeine Lösung.

Lösung: [1] $r^2 - 4r + 4 = 0$ charakteristische Gleichung.

[2] $(r-2)^2 = 0$

$r = 2$

$$\left.\begin{aligned}y_1 &= e^{2x}\\ y_2 &= x \cdot e^{2x}\end{aligned}\right\}\ \text{partikuläre Lösungen.}$$

$y = A e^{2x} + B e^{2x} \cdot x$ allgemeine Lösung.

§ 5 Die Schwingungsdifferentialgleichungen.

1. Beispiel Federschwingung ohne Reibung

Eine Kugel vom Gewicht G hängt am unteren Ende einer vollkommen elastischen Feder (oder Gummischnur). Die Kugel werde um a cm aus der Gleichgewichtslage gebracht und ohne Anstoß sich selbst überlassen. Die Kugel wird dann eine harmonische Schwingung ausführen. Die Gleichung dieser Schwingung soll ermittelt werden.

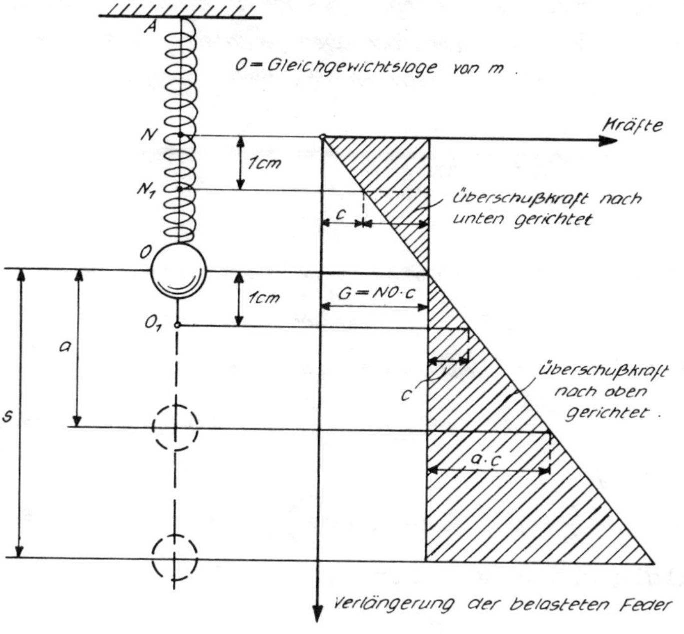

I. Aufstellung der Schwingungsgleichung

Jst m = Masse der Kugel

g = Beschleunigung des freien Falles,

so ist das Gewicht der Kugel $G = m \cdot g$.

Die Feder hat im unbelasteten Zustand die Länge AN.

Hängt man an die Feder c kg, so dehnt sie sich um die Länge $NN_1 = 1$cm.

Hängt man an die Feder G kg, so dehnt sie sich um die Länge NO cm.

Daraus ergibt sich: AO ist die Länge der durch das Gewicht G belasteten Feder im Gleichgewichtszustand, d.h. m befindet sich in O in Ruhe oder im Gleichgewicht infolge der nach unten gerichteten Kraft G und der gleichgroßen nach oben gerichteten Federkraft $NO \cdot c$.

Bringt man m aus der Gleichgewichtslage 0 heraus um die Länge $00_1 = 1$ cm, so wirkt auf m die nach oben gerichtete resultierende Kraft c. (c ist dann die Überschußkraft aus der Federkraft und der Kraft G. Siehe Diagramm).
Bringt man m aus der Gleichgewichtslage 0 heraus um die Länge s cm, so wirkt auf m die nach oben gerichtete resultierende Kraft $s \cdot c$. ($s \cdot c$ ist die Überschußkraft. Siehe Diagramm).

Nach dem Gesetz von Newton ist:

$$\text{Kraft} = \text{Masse} \cdot \text{Beschleunigung}$$

$$-cs = m \cdot \frac{d^2s}{dt^2} \quad ,$$

denn nach Differentialrechnung, Kapitel 3, ist die Beschleunigung $= \frac{d^2s}{dt^2}$. Das negative Vorzeichen von $c \cdot s$ deutet an, daß die Kraft $c \cdot s$ nach der Gleichgewichtslage hin gerichtet ist.

Somit ist $m \cdot \frac{d^2s}{dt^2} + c \cdot s = 0$ die Differentialgleichung der gesuchten Schwingung.

Setzt man $\frac{c}{m} = \omega^2$, so erhält man $\frac{d^2s}{dt^2} + \omega^2 \cdot s = 0$ die Differentialgleichung der harmonischen Schwingung.

II. Lösung der Differentialgleichung $\frac{d^2s}{dt^2} + \omega^2 s = 0$

Die Lösung ist analog dem 3. Beispiel aus § 5 vorzunehmen;
für k^2 ist ω^2 einzuführen,
für y ist s einzuführen,
für x ist t einzuführen.

[1] $r^2 - \omega^2 = 0$ charakteristische Gleichung.

[2] $s = \overline{C}_1 e^{i\omega t} + \overline{C}_2 e^{-i\omega t}$. Diese Gleichung wird nach Euler umgeformt.
$s = A \cdot \cos \omega t + B \sin \omega t$ allgemeine Lösung.

[3] Bestimmung der Konstanten A und B aus den Anfangsbedingungen.

1. Bedingung liefert die Anfangslage:

für $t = 0$ ist $s = a$; einsetzen in die allgemeine Lösung.

$a = A \cdot 1 + 0$

$A = a$

2. Bedingung. In der Anfangslage ist die Geschwindigkeit Null.

Für $t = 0$ ist $v = \frac{ds}{dt} = -\omega A \sin \omega t + \omega B \cos \omega t = 0$.

$0 = \omega B \cdot 1$

$B = 0$.

Ergebnis: Die Kugel führt eine harmonische Schwingung aus mit der Gleichung $s = a \cdot \cos \omega t$.

Auch bei anderen schwingenden Systemen wird man auf die typische Schwingungsdifferentialgleichung

(1) $$\frac{d^2y}{dt^2} + \omega^2 y = 0$$

geführt unter der Voraussetzung, daß keine Reibungskräfte und keine äußeren Kräfte wirken.

Die allgemeine Lösung lautet:

(2) $$y = C_1 \cos \omega t + C_2 \sin \omega t$$.

2. Beispiel Das mathematische Pendel

Eine Kugel von der Masse $m = 1\,kg$ ist an einem praktisch masselosen Faden der Länge $l = 2{,}5\,m$ aufgehängt. Zur Zeit $t = 0$ wird das Pendel um den Winkel $\varphi_0 = \frac{3}{5}$ ausgelenkt und ihm eine zusätzliche Anfangsgeschwindigkeit $v_0 = 4\,ms^{-1}$ in Richtung des wachsenden Winkels erteilt.
Gesucht ist die Differentialgleichung in linearisierter Form, d.h. für kleine Auslenkwinkel φ unter Vernachlässigung der Reibung. Wie groß ist die Schwingungsdauer T des Pendels? Die Lösung ist auch zeichnerisch darzustellen. (Zur Rechnung benutze man die Näherung $g \sim 10\,ms^{-2}$).

I. Aufstellen der Schwingungsgleichung

Der Winkel φ wird nach rechts positiv, nach links negativ gezählt.

Die Differentialgleichung erhält man wieder aus dem Bewegungsgesetz Kraft = Masse · Beschleunigung.

Jn diesem Falle ist die Beschleunigung : $l \cdot \frac{d^2\varphi}{dt^2}$

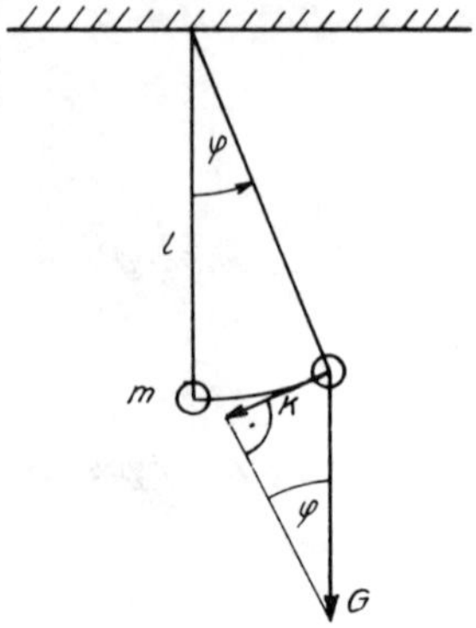

Die in Bahnrichtung wirkende Kraft ist die Tangentialkomponente des Gewichtes G :

$$K = -G \cdot \sin\varphi \quad ,$$

die negativ ist, da sie dem Winkel φ entgegengerichtet ist.

Dies ergibt die Gleichung :

$$m \cdot l \cdot \frac{d^2\varphi}{dt^2} = -mg \sin\varphi \quad ,$$

oder nach Umformung :

$$\frac{d^2\varphi}{dt^2} + \frac{g}{l} \sin\varphi = 0 \quad .$$

Diese Differentialgleichung ist wegen $\sin\varphi$ nicht-linear. Für kleine Winkel ist jedoch $\sin\varphi \approx \varphi$ (Linearisierung der Differentialgleichung).

Die linearisierte Differentialgleichung lautet :

$$\frac{d^2\varphi}{dt^2} + \frac{g}{l}\varphi = 0$$

oder — wenn man wie üblich die Differentiation nach der Zeit durch einen Punkt symbolisiert :

$$\ddot{\varphi} + \frac{g}{l}\varphi = 0 \quad .$$

II. Lösen der Differentialgleichung.

Der Vergleich mit der allgemeinen Schwingungsdifferentialgleichung (1) ergibt die Kreisfrequenz $\omega = \sqrt{\frac{g}{l}} = 2\,s^{-1}$

und die Schwingungsdauer $T = \frac{2\pi}{\omega} = \pi\,s$.

Die allgemeine Lösung lautet nach (2) :

$$\varphi = C_1 \cos 2t + C_2 \sin 2t \quad .$$

Bemerkenswert ist, daß $\omega = \sqrt{\frac{g}{l}}$ und damit auch die Lösung von der Masse m des Pendels unabhängig sind.

Bestimmung der Konstanten aus den Anfangsbedingungen :

1. Bedingung   Anfangslage :

$$\varphi(t=0) = \varphi_0 = \frac{3}{5} = C_1 \cdot 1 + C_2 \cdot 0 \quad \longrightarrow \quad C_1 = \frac{3}{5}$$

2. Bedingung   Anfangsgeschwindigkeit :

$$\dot{\varphi}(t=0) = \frac{v_0}{l} = \frac{8}{5} = 2C_1 \cdot 0 + 2C_2 \cdot 1 \quad \longrightarrow \quad C_2 = \frac{4}{5}$$

Die Lösung lautet :

$$\varphi = \frac{3}{5}\cos 2t + \frac{4}{5}\sin 2t$$

Sie ist die Summe einer Sinus- und Cosinusschwingung und läßt sich in eine phasenverschobene Cosinusschwingung umformen.
Durch den Ansatz

$$\frac{3}{5} = \cos\alpha \,, \quad \frac{4}{5} = \sin\alpha \quad \left(\text{Kontrolle: } \sin^2\alpha + \cos^2\alpha = \frac{9+16}{25} = 1\right)$$

erhält man

$$\varphi = \cos\alpha \cdot \cos 2t + \sin\alpha \cdot \sin 2t$$

$$\varphi = \cos(2t - \alpha)$$

Die Amplitude der Schwingung ist 1. Der Phasenwinkel ist α.
Da $\sin\alpha = \frac{4}{5}$, ist $\alpha \approx 53°$. Die Frequenz beträgt nach wie vor 2 (d.h. 2 volle Schwingungen im Intervall von 0 bis 2π).
Das erste Maximum befindet sich bei $2t - \alpha = 0$, also

$$t = \frac{\alpha}{2} \approx 26{,}5° \mathrel{\hat{=}} 0{,}463\ \text{s} \quad .$$

III. Zeichnung

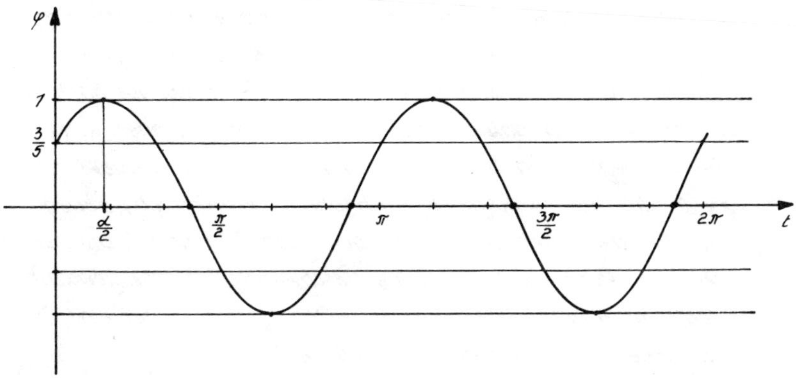

Die Verschiebung um $\frac{\alpha}{2}$ ist eine Folge der Anfangsgeschwindigkeit $v_0 \neq 0$, die dem Pendel erteilt wird. Sie bewirkt, daß das Pendel am Anfang noch weiter nach rechts ausschlägt und seinen maximalen Ausschlag erst zu einem späteren Zeitpunkt $t = 0{,}463$ s erreicht.

3. Beispiel Schwingungen einer schwimmenden Büchse um die Gleichgewichtslage

Ein Zylinder vom Radius r, der Höhe H und dem spezifischen Gewicht γ schwimmt mit vertikaler Achsenlage im Wasser. Zur Zeit $t = 0$ wird der Zylinder um ein zusätzliches Stück x_0 tiefer ins Wasser eingetaucht und von dort aus losgelassen.
Gesucht sind die Differentialgleichung für den reibungsfreien Fall, die Schwingungsdauer T und die Lösung.

Lösung:

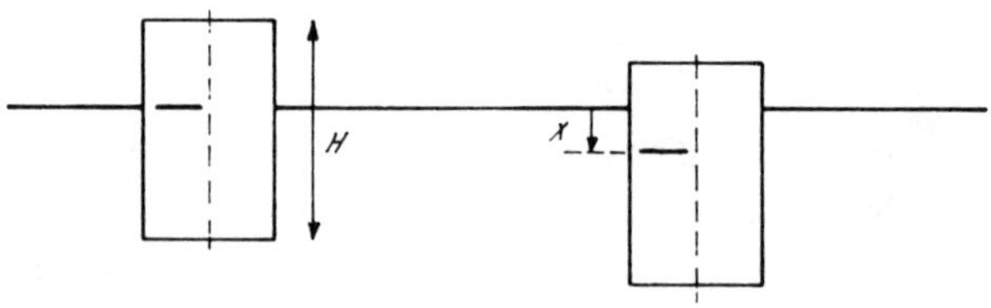

a) b)

Jn Abbildung a) schwimmt der Zylinder. Gewicht und Auftrieb halten sich das Gleichgewicht. Ein horizontaler Strich auf dem Zylindermantel markiert die Eintauchtiefe. Jn Abbildung b) ist der Zylinder um die Länge x tiefer eingetaucht, d.h. die Marke befindet sich um x unter der Wasseroberfläche. Der Auftrieb ist jetzt größer als das Gewicht. Die resultierende Kraft Auftrieb–Gewicht ist nach oben gerichtet und wird dafür sorgen, daß sich der Zylinder wieder nach oben bewegt. Da beim Durchgang durch die Gleichgewichtslage $x = 0$ die Geschwindigkeit nach oben gerichtet ist, bewegt sich der Zylinder über seine Gleichgewichtslage hinaus, um sich dann von dem Punkt aus, wo seine Geschwindigkeit Null geworden ist, wieder nach unten zu bewegen. Der Zylinder führt eine Schwingung um seine Gleichgewichtslage $x = 0$ aus.

Die Schwingungsdifferentialgleichung erhält man wiederum aus dem Gesetz

$$\text{Kraft} = \text{Masse} \cdot \text{Beschleunigung} .$$

Die Beschleunigung ist $\frac{d^2x}{dt^2}$ (Abkürzung: $\ddot{x}$), wobei x von der Gleichgewichtslage aus positiv nach unten gerechnet wird. Die wirkende Kraft ist der Überschuß des Auftriebs über das Gewicht und daher gleich dem Gewicht der durch die zusätzliche Eintauchtiefe x verdrängten Flüssigkeitsmenge.

$$K = -\gamma_W \pi r^2 x \quad .$$

Die Kraft ist negativ, da sie der Richtung von x stets entgegengesetzt ist.

Die Differentialgleichung lautet:

$$\frac{\pi r^2 H}{g} \gamma \ddot{x} = -\gamma_W \pi r^2 x$$

oder nach Umformung:

$$\ddot{x} + \frac{\gamma_W \cdot g}{H \cdot \gamma} x = 0$$

Die Lösung lautet unter Berücksichtigung der Anfangsbedingungen

$$x = x_0 \cdot \cos \omega t$$

mit $\omega = \sqrt{\frac{\gamma_W \cdot g}{H \cdot \gamma}}$.

Die Schwingungsdauer beträgt

$$T = \frac{2\pi}{\omega} = 2\pi \sqrt{\frac{H \cdot \gamma}{\gamma_W \cdot g}} \quad .$$

4. Beispiel — Elektrischer Schwingkreis

Einen elektrischen Stromkreis mit einem Kondensator (Kapazität C) und einer Spule (Induktivität L) nennt man einen „elektrischen Schwingkreis", da der elektrische Strom J, der in diesem Stromkreis fließt, einer typischen Schwingungsgleichung gehorcht.

Die angelegte äußere Spannung sei eine Gleichspannung $U = U_0$.

Lösung:

Die Differentialgleichung wird aus der Spannungsbilanz

Spannungsabfall an L + Spannungsabfall an C = angelegte Spannung aufgestellt.

Der Spannungsabfall an L beträgt: $U_L = L \cdot \frac{dJ}{dt} = L \cdot \dot{J}$

Der Spannungsabfall an C beträgt: $U_C = \frac{\int J\,dt}{C}$

Dies ergibt:

$$L\dot{J} + \frac{1}{C}\int J\,dt = U_0$$

Differentiation der Gleichung nach t:

$$L\ddot{J} + \frac{1}{C} J = 0$$

bzw.

$$\ddot{J} + \frac{1}{L \cdot C} J = 0$$

Dies ist eine typische Schwingungsdifferentialgleichung mit $\omega = \frac{1}{\sqrt{L \cdot C}}$.
Der elektrische Strom $J(t)$ hat also einen sinus- bzw. cosinusförmigen Verlauf. Das bedeutet, daß er zunächst in einer Richtung zu fließen beginnt und den Kondensator auffüllt (I und II). In der Spule wird dabei aber nach der Lenzschen Regel ein Magnetfeld aufgebaut, das dem Strom entgegengesetzt ist, sodaß sich dieser abschwächt (Abschnitt II). Ist der Kondensator voll, so entlädt er sich, und der Strom fließt in entgegengesetzter Richtung (III und IV). Nun wird der Kondensator in umgekehrter Richtung aufgeladen, und der Strom wird wiederum durch das Magnetfeld in der Spule abgeschwächt (Abschnitt IV). Danach wiederholt sich der Vorgang.

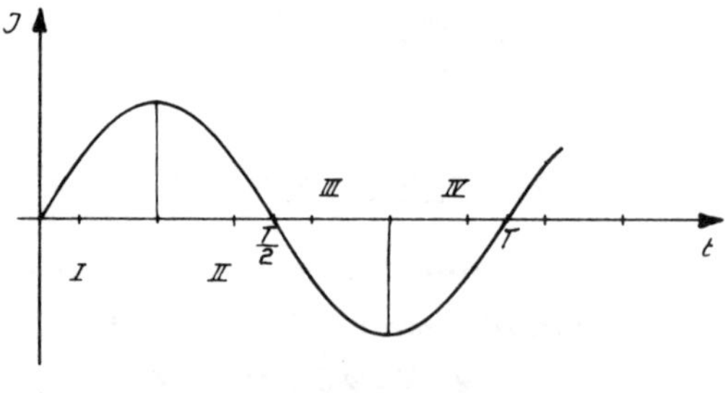

5. Beispiel — <u>Pendel mit Reibung</u>

Gesucht sind Differentialgleichung und Lösung für das mathematische Pendel des zweiten Beispiels, wenn zusätzlich eine Reibungskraft wirkt, die zur Geschwindigkeit proportional ist.

$$K_R = -k \cdot \dot{\varphi}$$

Zahlenbeispiel: $k = 0{,}5\ m\,kg\,s^{-1}$.

I. Aufstellung der Schwingungsgleichung

Die Differentialgleichung lautet:

$$m \cdot l\ddot{\varphi} = -mg\sin\varphi - k\dot{\varphi}$$

und nach Umformung für kleine Winkel $(\sin\varphi \approx \varphi)$:

$$\ddot{\varphi} + \frac{k}{ml}\dot{\varphi} + \frac{g}{l}\varphi = 0$$

II. Lösung der Differentialgleichung

Lösungsansatz: $\varphi = e^{rt}$.

Charakteristische Gleichung:

$$r^2 + \frac{k}{ml}r + \frac{g}{l} = 0$$

Einsetzen der Zahlen:

$$r^2 + \frac{1}{5}r + 4 = 0$$

$$r_{1/2} = -\frac{1}{10} \pm \sqrt{\frac{1}{100} - 4}$$

$$= -\frac{1}{10} \pm \sqrt{3{,}99}\, i$$

$$= -\frac{1}{10} \pm 1{,}9975\, i$$

Die Lösung lautet:

$$\overline{\varphi} = e^{-\frac{1}{10}t}\left\{\overline{C}_1(\cos 1{,}9975t + i\sin 1{,}9975t) + \overline{C}_2(\cos 1{,}9975t - i\sin 1{,}9975t)\right\}$$

Realteil:

$$\varphi = e^{-\frac{1}{10}t}(C_1\cos 1{,}9975t + C_2\sin 1{,}9975t)$$

Die Frequenz $\omega = \sqrt{3{,}99} \sim 1{,}9975$ ist fast gleich groß wie im reibungsfreien Fall $(\omega = 2)$.

Bestimmung der Konstanten aus den Anfangsbedingungen

1.) $\varphi(t=0) = \varphi_0 = \frac{3}{5} = 1 \cdot (C_1 \cdot 1 + C_2 \cdot 0) \longrightarrow C_1 = \frac{3}{5}$ wie zuvor.

2.) $\dot{\varphi} = e^{-\frac{1}{10}t}\left\{-C_1\omega\sin\omega t + C_2\omega\cos\omega t - \frac{1}{10}(C_1\cos\omega t + C_2\sin\omega t)\right\}$

$$\dot{\varphi}(t=0) = \frac{v_0}{l} = \frac{8}{5} = 1 \cdot \left\{C_2\omega - \frac{1}{10}C_1\right\} \approx 2C_2 - \frac{C_1}{10}$$

$$\longrightarrow C_2 = \frac{4}{5} + \frac{3}{100} = 0{,}83$$

Die Änderung von C_2 gegenüber dem reibungsfreien Fall ist ebenfalls gering (zuvor $C_2 = 0,8$).

Die Lösung lautet:

$$\varphi = e^{-\frac{1}{10}t}\,(0{,}6\cos 1{,}9975t + 0{,}83\sin 1{,}9975t)\ .$$

III. Zeichnung

Wegen der geringen zahlenmäßigen Abweichungen gegenüber dem 2. Beispiel ergibt sich daher fast das gleiche Bild mit dem Unterschied, daß die Schwingung jetzt „gedämpft" ist, denn die Amplitude klingt mit dem Faktor $e^{-\frac{1}{10}t}$ exponentiell ab.

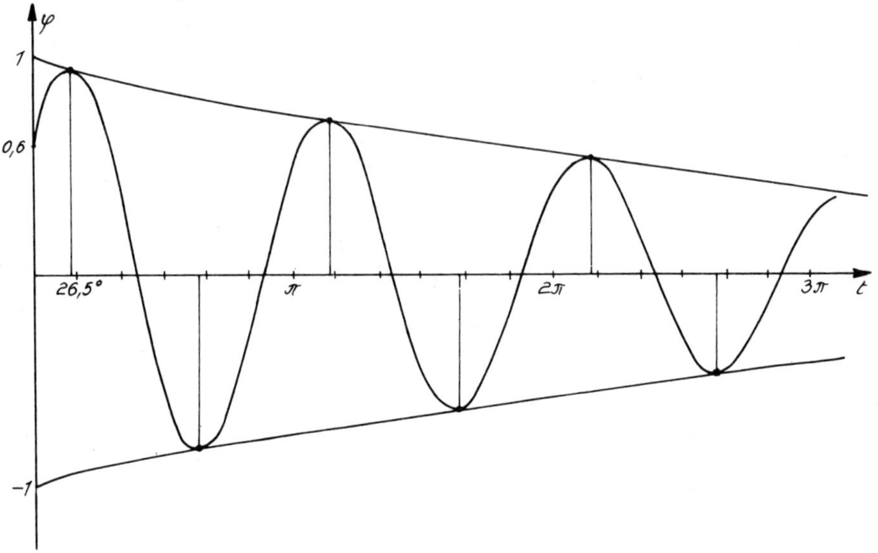

Die Schwingungsdifferentialgleichungen ohne Reibung besitzen also die Form

$$\ddot{y} + \omega^2 y = 0$$

mit der allgemeinen Lösung

$$y = C_1\cos\omega t + C_2\sin\omega t\ ,$$

während die Differentialgleichungen für Schwingungen mit Reibung noch ein Glied mit der 1. Ableitung $\dot{y}$ besitzen. Die allgemeine Form lautet dann

$$\ddot{y} + 2\lambda\dot{y} + \omega^2 y = 0\ .$$

2λ ist der Reibungskoeffizient.

Die Lösung kann eine gedämpfte, exponentiell abklingende Schwingung sein wie im vorigen Beispiel, jedoch können auch ganz andersartige Lösungen auftreten. Die drei möglichen Lösungsfälle wollen wir jetzt diskutieren.

Der Lösungsansatz $y = e^{rt}$ ergibt die charakteristische Gleichung:

$$r^2 + 2\lambda r + \omega^2 = 0$$

mit den Lösungen: $\quad r_{1/2} = -\lambda \pm \sqrt{\lambda^2 - \omega^2}$.

1. Fall

Der Radikand ist negativ, $\omega^2 > \lambda^2$.

Die Lösungen $r_{1/2}$ sind konjugiert komplex:

$$r_{1/2} = -\lambda \pm i\sqrt{\omega^2 - \lambda^2} \; .$$

Die allgemeine Lösung der Differentialgleichung lautet:

$$y = e^{-\lambda t}\left\{C_1 \cos\sqrt{\omega^2 - \lambda^2}\,t + C_2 \sin\sqrt{\omega^2 - \lambda^2}\,t\right\}$$

Es handelt sich um eine gedämpfte Schwingung mit exponentiell abklingender Amplitude wie im vorigen Beispiel.

Man nennt diesen Fall auch „Fall der schwachen Dämpfung", da die für die Dämpfung verantwortliche Größe λ kleiner als ω sein muß. Da die Lösung eine Schwingung ist, nennt man diesen Fall auch „Schwingfall".

2. Fall

Der Radikand ist positiv, $\lambda^2 > \omega^2$.

Die Lösungen $r_{1/2}$ sind reell und verschieden.

Die allgemeine Lösung der Differentialgleichung lautet:

$$y = C_1 e^{r_1 t} + C_2 e^{r_2 t}$$

mit $\quad r_1 = -\lambda + \sqrt{\lambda^2 - \omega^2} \quad$ und $\quad r_2 = -\lambda - \sqrt{\lambda^2 - \omega^2}$.

Im Falle einer wirklichen Dämpfung (im Gegensatz zu Aufschaukelung) ist $\lambda > 0$, und r_1 und r_2 sind beide negativ.

Die Lösung entsteht also durch Addition zweier abklingender Exponentialfunktionen und sieht daher selbst wie eine abklingende Exponentialfunktion aus (Abb. a), oder sie besitzt vor der asymptotischen Annäherung an die t-Achse noch ein Maximum (Abb. b, Anfangsbedingung $y'(0) > 0$) oder ein negatives Minimum (Abb. c) .

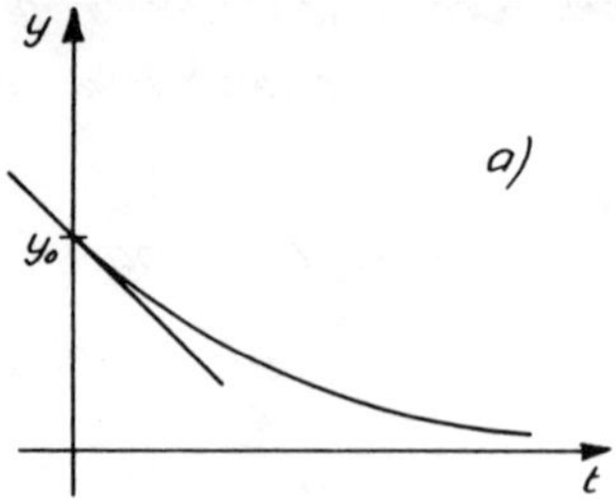

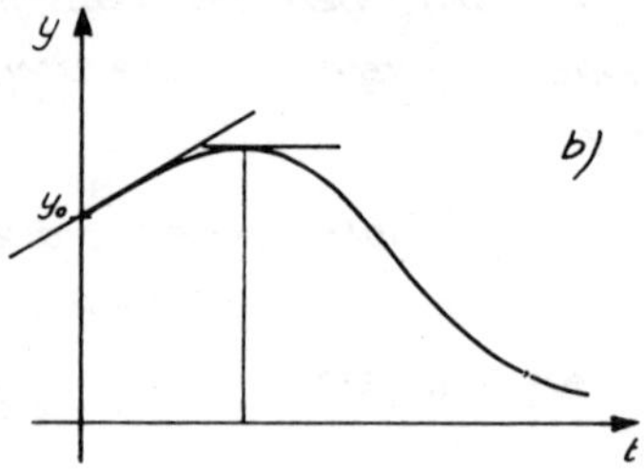

Man nennt diesen Fall auch „Fall der starken Dämpfung" oder — da es sich nicht mehr um eine Schwingung handelt, sondern die Funktion asymptotisch dem Wert Null „entgegenkriecht" — „Kriechfall".

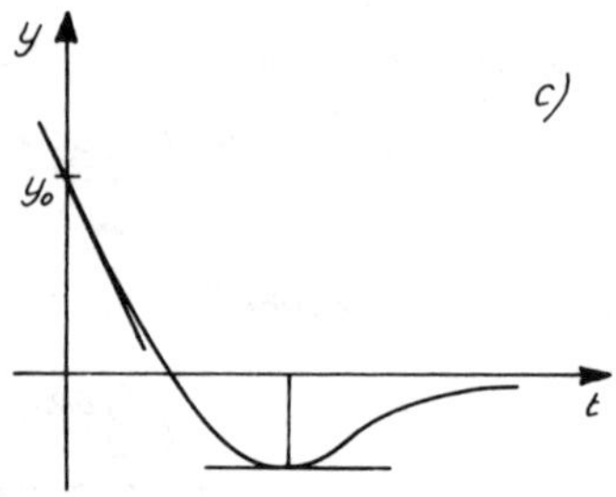

3. Fall

Der Radikand ist Null $\lambda^2 = \omega^2$.
Die Lösungen $r_{1/2}$ sind reell und gleich , $r_{1/2} = -\lambda$.
Die allgemeine Lösung der Differentialgleichung lautet :

$$y = e^{-\lambda t}(C_1 + C_2 \cdot t) .$$

Man nennt diesen Fall den „aperiodischen Grenzfall", da er die Grenze zwischen Fall 1 und Fall 2 bildet und selbst keine periodische Schwingung mehr ergibt .
Die Lösungskurven besitzen einen ähnlichen Verlauf wie im 2. Fall .

6. Beispiel — Elektrischer Schwingkreis mit Ohmschem Widerstand

I. Aufstellen der Differentialgleichung

Der Reibung bei mechanischen Schwingungen entspricht der Ohmsche Widerstand R bei elektrischen Schwingungen .
Man erhält die Differentialgleichung wie im 4. Beispiel aus der Spannungsbilanz mit einem zusätzlichen Spannungsabfall am

Ohmschen Widerstand:

$$U_L + U_R + U_C = U_0$$

$$L\dot{J} + RJ + \frac{1}{C}\int J\,dt = U_0$$

differenzieren:

$$L\ddot{J} + R\dot{J} + \frac{1}{C}J = 0$$

$$\ddot{J} + \frac{R}{L}\dot{J} + \frac{1}{LC}J = 0$$

Hier ist $\omega = \frac{1}{\sqrt{LC}}$ und $\lambda = \frac{R}{2L}$.

II. Lösung für folgendes Zahlenbeispiel:

$\frac{R}{L} = 1 \cdot s^{-1}$, $\qquad C = \frac{4L}{R^2}$

Anfangsbedingungen:

$t = 0$: $J_0 = 2A$, $\qquad \dot{J}_0 = -4As^{-1}$.

(A = Ampère)

$\lambda = \frac{R}{2L} = \frac{1}{2}s^{-1}$, $\qquad \omega = \frac{1}{\sqrt{LC}} = \frac{R}{2L} = \lambda = \frac{1}{2}s^{-1}$

Es handelt sich um den 3. Lösungsfall:

$$J = e^{-\frac{t}{2}}(C_1 + C_2 t)$$

Bestimmung der Konstanten aus den Anfangsbedingungen:

$J(0) = J_0 = 2 = C_1 \quad \rightarrow \quad C_1 = 2$

$\dot{J} = e^{-\frac{t}{2}}\left(C_2 - \frac{1}{2}(C_1 + C_2 t)\right)$

$\dot{J}(0) = -4 = C_2 - \frac{1}{2}C_1 \quad \rightarrow \quad C_2 = -3$

$$J = e^{-\frac{t}{2}}(2 - 3t)$$

III. Zeichnung

$J = e^{-\frac{t}{2}}(2-3t)$, $\qquad \dot{J} = e^{-\frac{t}{2}}\left(-4 + \frac{3}{2}t\right)$, $\qquad \ddot{J} = e^{-\frac{t}{2}}\left(\frac{7}{2} - \frac{3}{4}t\right)$

Nullstelle: $t_N = \frac{2}{3}$

Extremwert: $\frac{3}{2}t = 4$, $\qquad t_E = \frac{8}{3}$.

$$J\left(\frac{8}{3}\right) = e^{-\frac{4}{3}}(2-8) = -6e^{-\frac{4}{3}} \approx -6 \cdot 0{,}26 \approx -1{,}56$$

Tangentensteigung in der Nullstelle :

$$\dot{J}\left(\frac{2}{3}\right) = e^{-\frac{1}{3}}(-4+1) = -3e^{-\frac{1}{3}} \approx -3\cdot 0{,}72 \approx -2{,}16$$

Wendepunkt : $\frac{7}{2} = \frac{3}{4}t$, $t_W = \frac{14}{3}$.

$$J\left(\frac{14}{3}\right) = e^{-\frac{7}{3}}(2-14) = -12e^{-\frac{7}{3}} \approx -12\cdot 0{,}097 \approx -1{,}164$$

$$\dot{J}\left(\frac{14}{3}\right) \approx 0{,}3 \quad .$$

Asymptote : t-Achse

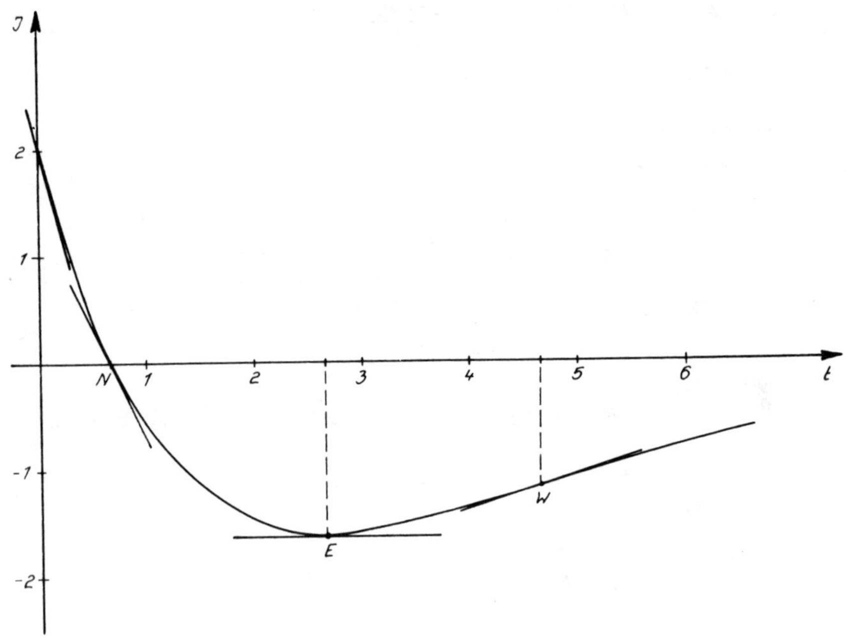

§ 6. Lineare inhomogene Differentialgleichungen 2. Ordnung mit konstanten Koeffizienten.

I. Form

Die lineare inhomogene Differentialgleichung 2. Ordnung mit konstanten Koeffizienten lautet:

$$y'' + Py' + Qy = R(x) \quad ,$$

wobei P und Q konstant sind und $R(x)$ eine Funktion von x ist.

II. Die Methode der unbestimmten Koeffizienten

Wie in § 3, Abschnitt V bewiesen wurde, setzt sich die Lösung der inhomogenen linearen Differentialgleichung stets zusammen aus der allgemeinen Lösung der homogenen Differentialgleichung und einer speziellen Lösung der inhomogenen Differentialgleichung. Die allgemeine Lösung der homogenen Differentialgleichung 2. Ordnung mit konstanten Koeffizienten wurde bereits in § 4 behandelt. Nun gilt es, noch eine spezielle Lösung der inhomogenen Differentialgleichung zu finden. Diese läßt sich in vielen einfachen Fällen durch Raten — oder besser — durch einen geeigneten Ansatz mit noch unbestimmten Koeffizienten finden. Die Methode trägt daher auch den Namen „Methode der unbestimmten Koeffizienten" oder, da der Ansatz von ähnlicher Gestalt ist wie die inhomogene Seite, „Ansatz vom Typ der rechten Seite".

Wir werden nun die verschiedenen Fälle von rechten Seiten aufzählen, in denen der Ansatz zum Ziel führt.

Hier kommen alle diejenigen Funktionen $R(x)$ in Frage, die mit ihren Ableitungen eine geschlossene Funktionenklasse aus endlich vielen Funktionen bilden. Zum Beispiel bilden die Exponentialfunktionen mit ihren Ableitungen eine endliche, geschlossene Funktionenklasse, ebenso die Polynomfunktionen mit ihren Ableitungen, denn durch Differentiation erhält man stets wieder Exponentialfunktionen bzw. Polynomfunktionen.

Gegenbeispiel: $y = \ln x$ bildet keine endliche Funktionenklasse mit seinen Ableitungen $y' = \frac{1}{x}$, $y'' = -\frac{1}{x^2}$ u.s.w.

Jst $R(x)$ aber eine Funktion, die mit ihren Ableitungen eine geschlossene Funktionenklasse bildet, so wird ein Lösungsansatz vom Typ der

allgemeinsten Funktion dieser Funktionenklasse stets zum Ziel führen, da die Summe $y''+Py'+Q\cdot Y$ wegen der konstanten Koeffizienten auch stets in dieser Funktionenklasse enthalten ist.
Die noch unbekannten Koeffizienten bestimmt man, nachdem man den Ansatz in die Differentialgleichung eingesetzt hat, durch Koeffizientenvergleich.

III. Die Typen der rechten Seiten

1. Fall

Die rechte Seite ist eine Konstante:

$$y''+Py'+Qy=R \; .$$

Dann ist $y=\frac{R}{Q}$ eine Lösung, da $y'=y''=0$.

2. Fall

Die rechte Seite ist eine Exponentialfunktion:

$$R(x)=ae^{bx} \; .$$

Lösungsansatz: $y=Ce^{bx}$ mit noch unbestimmtem C.

Beispiel

$$y''+2y'+4y=2e^{-x}$$

Ansatz: $y=Ce^{-x} \rightarrow y'=-Ce^{-x}, \quad y''=Ce^{-x}$

Einsetzen in die Differentialgleichung:

$$(C-2C+4C)e^{-x}=2e^{-x}$$

$$3Ce^{-x}=2e^{-x} \rightarrow C=\frac{2}{3} \; .$$

Die gesuchte spezielle Lösung lautet:

$$y=\frac{2}{3}e^{-x}$$

3. Fall

Die rechte Seite ist ein Polynom n-ten Grades, d.h. die höchste Potenz von x, deren Koeffizient $\neq 0$ ist, hat den Exponent n.

$$R(x)=P_n(x)\equiv a_0+a_1x+\ldots+a_nx^n \; .$$

Lösungsansatz: $y=C_0+C_1x+\ldots+C_nx^n$

mit noch unbestimmten Koeffizienten $C_0, C_1, \ldots, C_n$.

Hierbei ist darauf zu achten, daß der Lösungsansatz vollständig sein, d.h. alle Potenzen von x^0 bis x^n enthalten muß, auch wenn $R(x)$ nicht alle Potenzen von x enthält.

Beispiel

$$y'' - y' + y = x - x^3$$

Ansatz: $y = C_0 + C_1 x + C_2 x^2 + C_3 x^3$

$\rightarrow \quad y' = C_1 + 2C_2 x + 3C_3 x^2, \qquad y'' = 2C_2 + 6C_3 x$

Einsetzen in die Differentialgleichung und ordnen nach Potenzen von x:

$$(C_0 - C_1 + 2C_2) + (C_1 - 2C_2 + 6C_3)x + (C_2 - 3C_3)x^2 + C_3 x^3 = x - x^3 .$$

Da das Polynom auf der linken Seite gleich dem Polynom auf der rechten Seite sein muß, müssen die Koeffizienten der einzelnen Potenzen von x untereinander gleich sein.

Koeffizientenvergleich:

x^0: $C_0 - C_1 + 2C_2 = 0 \quad \rightarrow \quad C_0 = 7$

x^1: $C_1 - 2C_2 + 6C_3 = 1 \quad \rightarrow \quad C_1 = 1$

x^2: $C_2 - 3C_3 = 0 \quad \rightarrow \quad C_2 = -3$

x^3: $C_3 = -1$

(Auflösung des Gleichungssystems von unten nach oben)

Die gesuchte spezielle Lösung lautet:

$$\underline{y = 7 + x - 3x^2 - x^3}$$

4. Fall

Die rechte Seite ist eine Sinus- oder Cosinusfunktion:

$$R(x) = a \cdot \sin bx$$

oder $$R(x) = a \cdot \cos bx .$$

Da die Sinus- und Cosinusfunktion mit ihren Ableitungen eine gemeinsame Funktionenklasse bilden, gehört zu einem vollständigen Ansatz stets die Summe der beiden Funktionen mit noch unbestimmten Koeffizienten.

Lösungsansatz: $y = C_1 \sin bx + C_2 \cos bx$.

Beispiel

$$4y'' - 3y' = 10 \sin 2x$$

Ansatz: $y = C_1 \sin 2x + C_2 \cos 2x$

$$\rightarrow \quad y' = 2C_1 \cos 2x - 2C_2 \sin 2x$$
$$y'' = -4C_1 \sin 2x - 4C_2 \cos 2x .$$

Einsetzen in die Differentialgleichung und ordnen nach Sinus- und Cosinusfunktion :

$$(-16C_1 + 6C_2) \sin 2x + (-16C_2 - 6C_1) \cos 2x = 10 \sin 2x .$$

Koeffizientenvergleich :

$\sin 2x$: $\quad -16C_1 + 6C_2 = 10 \quad | :2$

$\cos 2x$: $\quad -16C_2 - 6C_1 = 0 \quad \rightarrow \quad C_1 = -\frac{8}{3} C_2$

$$\frac{64}{3} C_2 + 3C_2 = 5$$

$$\rightarrow \quad C_2 = \frac{15}{73} , \qquad C_1 = -\frac{40}{73}$$

Die gesuchte spezielle Lösung lautet :

$$y = \frac{5}{73} (3 \cos 2x - 8 \sin 2x)$$

5. Fall

Die rechte Seite ist eine Summe aus den drei oben genannten Funktionen:

$$R(x) = R_1(x) + R_2(x) .$$

Auch dann funktioniert das Verfahren , wenn man für die Lösung einen entsprechenden Summenansatz macht , denn wegen der Linearität der Differentialgleichung ist ihre Lösung gleich der Summe der Lösungen , die zu den Differentialgleichungen mit den rechten Seiten $R_1(x)$ und $R_2(x)$ gehören .

1. Beispiel

$$y'' - y = e^{2x} + 3e^{-2x}$$

Ansatz :

$$y = C_1 e^{2x} + C_2 e^{-2x}$$
$$y' = 2C_1 e^{2x} - 2C_2 e^{-2x}$$
$$y'' = 4C_1 e^{2x} + 4C_2 e^{-2x}$$

Einsetzen in die Differentialgleichung und ordnen :

$$3C_1 e^{2x} + 3C_2 e^{-2x} = e^{2x} + 3e^{-2x}$$

$$\rightarrow \quad C_1 = \frac{1}{3} , \qquad C_2 = 1 .$$

Die gesuchte spezielle Lösung lautet:

$$y = \frac{1}{3} e^{2x} + e^{-2x}$$

2. Beispiel

$$2y'' - y' - y = x^3 + \cos x \quad .$$

Ansatz:

$$y = C_0 + C_1 x + C_2 x^2 + C_3 x^3 + C_4 \cos x + C_5 \sin x$$

$$y' = C_1 + 2C_2 x + 3C_3 x^2 \qquad + C_5 \cos x - C_4 \sin x$$

$$y'' = 2C_2 + 6C_3 x \qquad - C_4 \cos x - C_5 \sin x$$

Einsetzen und ordnen:

$$(4C_2 - C_1 - C_0) + (12C_3 - 2C_2 - C_1)x - (3C_3 + C_2)x^2 - C_3 x^3 +$$
$$+ (-2C_4 - C_5 - C_4)\cos x + (-2C_5 + C_4 - C_5)\sin x = x^3 + \cos x$$

Koeffizientenvergleich:

x^3 :	$-C_3 = 1$	$\rightarrow$	$C_3 = -1$
x^2 :	$3C_3 + C_2 = 0$	$\rightarrow$	$C_2 = 3$
x^1 :	$12C_3 - 2C_2 - C_1 = 0$	$\rightarrow$	$C_1 = -18$
x^0 :	$4C_2 - C_1 - C_0 = 0$	$\rightarrow$	$C_0 = 30$
$\cos x$:	$-3C_4 - C_5 = 1$	}	$C_4 = -\frac{3}{10}, \quad C_5 = -\frac{1}{10}$
$\sin x$:	$-3C_5 + C_4 = 0$	}	

Die gesuchte spezielle Lösung lautet:

$$y = 30 - 18x + 3x^2 - x^3 - \frac{1}{10}(3\cos x + \sin x)$$

6. Fall

Die rechte Seite ist ein Produkt der drei oben genannten Funktionen:

$$R(x) = R_1(x) \cdot R_2(x) \quad .$$

Auch dann bildet die rechte Seite mitsamt ihren Ableitungen eine geschlossene Funktionenklasse.

Das Verfahren führt zum Ziel, wenn man für die Lösung einen Ansatz als Produkt der vollständigen Funktionen macht.

1. Beispiel

$$y'' + y = x^2 e^x$$

Ansatz:

$$y = (C_0 + C_1 x + C_2 x^2) e^x$$

$$y' = (C_0 + C_1x + C_2x^2 + C_1 + 2C_2x)e^x$$
$$= \left[(C_0 + C_1) + (C_1 + 2C_2)x + C_2x^2\right]e^x$$

$$y'' = \left[(C_0 + C_1) + (C_1 + 2C_2)x + C_2x^2 + (C_1 + 2C_2) + 2C_2x\right]e^x$$
$$= \left[(C_0 + 2C_1 + 2C_2) + (C_1 + 4C_2)x + C_2x^2\right]e^x$$

Einsetzen in die Differentialgleichung und ordnen :

$$\left[(2C_0 + 2C_1 + 2C_2) + (2C_1 + 4C_2)x + 2C_2x^2\right]e^x = x^2e^x$$

Koeffizientenvergleich :

x^2 : $2C_2 = 1 \rightarrow C_2 = \frac{1}{2}$

x^1 : $2C_1 + 4C_2 = 0 \rightarrow C_1 = -1$

x^0 : $2C_0 + 2C_1 + 2C_2 = 0 \rightarrow C_0 = \frac{1}{2}$

Die gesuchte spezielle Lösung lautet : $y = \left(\frac{1}{2} - x + \frac{x^2}{2}\right)e^x$

2. Beispiel

$$y'' - 2y' = 2\sin x \cdot e^x$$

Ansatz : $y = (C_1 \sin x + C_2 \cos x)e^x$

$$y' = (C_1 \sin x + C_2 \cos x + C_1 \cos x - C_2 \sin x)e^x$$
$$\left[(C_1 - C_2)\sin x + (C_1 + C_2)\cos x\right]e^x$$

$$y'' = \left[(C_1 - C_2)\sin x + (C_1 + C_2)\cos x + (C_1 - C_2)\cos x - (C_1 + C_2)\sin x\right]e^x$$
$$= (-2C_2 \sin x + 2C_1 \cos x) \cdot e^x$$

Einsetzen in die Differentialgleichung und ordnen :

$$\left[(-2C_2 - 2C_1 + 2C_2)\sin x + (2C_1 - 2C_1 - 2C_2)\cos x\right]e^x = 2\sin x e^x$$

Koeffizientenvergleich :

$\sin x$: $-2C_1 = 2 \rightarrow C_1 = -1$

$\cos x$: $-2C_2 = 0 \rightarrow C_2 = 0$

Die gesuchte spezielle Lösung lautet : $y = -\sin x\, e^x$

Anmerkung

Ist R(x) ein Produkt aus zwei Sinus- bzw. Cosinusfunktionen, sollte man es mit Hilfe trigonometrischer Umformung entsprechend der Formel

$\sin\alpha \cdot \sin\beta = \frac{1}{2}(\cos(\alpha - \beta) - (\cos(\alpha + \beta)$ zunächst in eine Summe umwandeln.

Der Rechenaufwand bei der Lösung der Differentialgleichung ist dann wesentlich geringer.

IV. Überschneidung der rechten Seite mit der Lösung der homogenen Differentialgleichung

1. Fall

Die rechte Seite ist eine Exponentialfunktion,

$$R(x) = ae^{bx} , \qquad (b \neq 0)$$

aber e^{bx} ist bereits eine spezielle Lösung der zugehörigen homogenen Differentialgleichung. Jn diesem Fall liefert das Verfahren keine neue, unabhängige Lösung v der inhomogenen Differentialgleichung, sondern nur wieder einen Teil der allgemeinen Lösung u der homogenen Differentialgleichung.

Dieser Fall tritt auf, wenn $r = b$ Lösung der charakteristischen Gleichung

$$r^2 + Pr + Q = 0$$

ist.

Dann liefert der Ansatz

$$y = Cxe^{bx}$$

eine von u unabhängige spezielle Lösung der Differentialgleichung, sofern nicht $r = b$ sogar doppelte Lösung der charakteristischen Gleichung ist, denn sonst ist mit

$$y_1 = e^{bx} \quad \text{auch} \quad y_2 = xe^{bx}$$

bereits eine spezielle Lösung der homogenen Differentialgleichung.

Hier führt der Ansatz

$$y = Cx^2e^{bx}$$

zum Ziel.

Zusammenfassung

Jst $R(x) = ae^{bx}$ und $r = b$ Lösung der charakteristischen Gleichung, so macht man den Ansatz

$$y = C \cdot x^l e^{bx} , \qquad l = 1,2 ,$$

wobei $l = 1$, wenn b einfache und $l = 2$, wenn b doppelte Lösung der charakteristischen Gleichung ist.

Beweis:

Die Differentialgleichung lautet:

$$y'' + Py' + Qy = ae^{bx}$$

Lösungsansatz : $y = Cx^l e^{bx}$

$$y' = Ce^{bx}(bx^l + lx^{l-1})$$

$$y'' = Ce^{bx}(b^2x^l + 2blx^{l-1} + l(l-1)x^{l-2})$$

Einsetzen in die Differentialgleichung und ordnen :

$$(*) \qquad Ce^{bx}\left\{(b^2+Pb+Q)x^l + l(2b+P)x^{l-1} + l(l-1)\;x^{l-2}\right\} = ae^{bx}$$

Aus der charakteristischen Gleichung

$$r^2+Pr+Q = 0\,, \qquad r_{1/2} = -\frac{P}{2} \pm \sqrt{\left(\frac{P}{2}\right)^2 - Q}$$

folgt $\qquad b^2 + Pb + Q = 0\,,$

falls $r = b$ Lösung ist

und zusätzlich $\qquad b = -\frac{P}{2}\,,$

falls b doppelte Lösung ist .

a) einfache Lösung $l = 1$

Jn Gleichung (*) wird der erste und letzte Summand Null, und es bleibt die Bedingung

$$Ce^{bx}(2b+P) = ae^{bx}\,,$$

die durch richtige Wahl von C stets zu erfüllen ist.

b) doppelte Lösung $l = 2$

Jn Gleichung (*) fallen die ersten beiden Summanden weg, und es bleibt die Bedingung

$$Ce^{bx}\cdot 2 = ae^{bx}\,,$$

die ebenfalls durch die richtige Wahl von C stets zu erfüllen ist .

1. Beispiel

Gegeben : $y'' - 2y' + y = 1 + e^x$

Gesucht : Allgemeine Lösung .

Lösung : charakteristische Gleichung der homogenen Differentialgleichung

$$r^2 - 2r + 1 = 0 = (r-1)^2$$

$$r_{1/2} = 1$$

Lösung der homogenen Differentialgleichung :

$$u = Ae^x + Bxe^x$$

Lösungsansatz für die inhomogene Differentialgleichung:

$$y = C_0 + C_1 x^2 e^x$$
$$y' = C_1 (x^2 + 2x) e^x$$
$$y'' = C_1 (x^2 + 4x + 2) e^x$$

Einsetzen in die Differentialgleichung:

$$\left[C_1 (x^2 + 4x + 2) - 2C_1 (x^2 + 2x) + C_1 x^2\right] e^x + C_0 = 1 + e^x$$
$$2C_1 e^x + C_0 = 1 + e^x$$

$$\rightarrow \quad C_0 = 1, \quad C_1 = \frac{1}{2}.$$

Die gesuchte spezielle Lösung ist

$$v = 1 + \frac{1}{2} x^2 e^x$$

und die allgemeine Lösung

$$y = 1 + \left(A + Bx + \frac{x^2}{2}\right) e^x$$

2. Beispiel

Gegeben: $y'' - 2y' - 3y = x e^{-x}$

Gesucht: Allgemeine Lösung.

Lösung: charakteristische Gleichung der homogenen Differentialgleichung:

$$r^2 - 2r - 3 = 0 = (r - 3)(r + 1)$$
$$r_1 = -1, \quad r_2 = 3.$$

Lösung der homogenen Differentialgleichung:

$$u = Ae^{-x} + Be^{3x}$$

Lösungsansatz für die inhomogene Differentialgleichung:

$$y = (C_0 + C_1 x) \cdot x e^{-x} = (C_0 x + C_1 x^2) e^{-x}$$

Hierbei ist zu beachten, daß die rechte Seite das Produkt aus einem Polynom 1. Grades und einer Exponentialfunktion ist. Der Ausdruck $C_0 + C_1 x$ ist der Ansatz für ein vollständiges Polynom 1. Grades. Der zweite Faktor ist der Ansatz für die Exponentialfunktion unter Berücksichtigung, daß $r = -1$ Lösung der charakteristischen Gleichung ist.

$$y = (C_0 x + C_1 x^2)e^{-x}$$

$$y' = (C_0 + 2C_1 x - C_0 x - C_1 x^2)e^{-x}$$

$$= [C_0 + (2C_1 - C_0)x - C_1 x^2]e^{-x}$$

$$y'' = [(2C_1 - C_0) - 2C_1 x - C_0 - (2C_1 - C_0)x + C_1 x^2]e^{-x}$$

$$= [(2C_1 - 2C_0) - (4C_1 - C_0)x + C_1 x^2]e^{-x}$$

Einsetzen und ordnen :

$$\{(2C_1 - 2C_0 - 2C_0) + (-4C_1 + C_0 - 4C_1 + 2C_0 - 3C_0)x +$$

$$+ (C_1 + 2C_1 - 3C_1)x^2\}e^{-x} = xe^{-x}$$

$$\{(-4C_0 + 2C_1) - 8C_1 x\}e^{-x} = xe^{-x}$$

Koeffizientenvergleich :

$$-8C_1 = 1 \quad \rightarrow \quad C_1 = -\frac{1}{8}$$

$$-4C_0 + 2C_1 = 0 \quad \rightarrow \quad C_0 = -\frac{1}{16}$$

Die gesuchte spezielle Lösung lautet

$$v = -\left(\frac{x}{16} + \frac{x^2}{8}\right)e^{-x}$$

und die allgemeine Lösung :

$$y = \left(A - \frac{x}{16} - \frac{x^2}{8}\right)e^{-x} + Be^{3x}$$

2. Fall

Die rechte Seite ist eine Sinus- oder Cosinusfunktion

$$R(x) = \sin bx\,, \qquad R(x) = \cos bx$$

bzw. ein Produkt einer Sinus- oder Cosinusfunktion mit einer Exponentialfunktion $R(x) = e^{ax}\sin bx$, $R(x) = e^{ax}\cos bx$

und $r = \pm ib$ *bzw.* $r = a \pm ib$ *ist Lösung der charakteristischen Gleichung.*

Lösungsansatz : $y = x(C_1 \cos bx + C_2 \sin bx)$

bzw. $y = x \cdot e^{ax}(C_1 \cos bx + C_2 \sin bx)$

Der Beweis verläuft wie im vorigen Fall a), wobei jetzt lediglich die Lösung b der charakteristischen Gleichung imaginär oder komplex ist.

1. Beispiel

Gegeben : $y'' + 4y = \cos 2x$

Gesucht : Allgemeine Lösung

Lösung : $r^2 + 4 = 0 \quad \rightarrow \quad r = \pm 2i$

Lösung der homogenen Differentialgleichung :

$u = A\cos 2x + B\sin 2x$

Ansatz für die inhomogene Differentialgleichung :

$y = x\,(C_1\cos 2x + C_2\sin 2x)$

$y' = C_1\cos 2x + C_2\sin 2x + 2x\,(-C_1\sin 2x + C_2\cos 2x)$

$$y'' = -2C_1\sin 2x + 2C_2\cos 2x - 2C_1\sin 2x + 2C_2\cos 2x - 4x\,(C_1\cos 2x + C_2\sin 2x)$$
$$= -4C_1\sin 2x + 4C_2\cos 2x - 4x\,(C_1\cos 2x + C_2\sin 2x)$$

Einsetzen in die Differentialgleichung :

$$y'' + 4y = -4C_1\sin 2x + 4C_2\cos 2x - 4x\,(C_1\cos 2x + C_2\sin 2x) + 4x\,(C_1\cos 2x + C_2\sin 2x)$$
$$= \cos 2x$$

$\rightarrow \quad C_1 = 0 \qquad C_2 = \frac{1}{4}$

$v = \frac{1}{4}x\sin 2x$

allgemeine Lösung :

Ergebnis : $y = A\cos 2x + \left(B + \frac{1}{4}x\right)\sin 2x$

Anmerkung : Jn diesem Fall hätte man, da y' in der Differentialgleichung nicht vorkommt, gleich den verkürzten Ansatz $y = Cx\sin 2x$ machen können.

2. Beispiel

Gegeben : $y'' - 2y' + 2y = 2e^x\cos x + 1$

Gesucht : Allgemeine Lösung.

Lösung : $r^2 - 2r + 2 = 0 \quad \rightarrow \quad r_{1/2} = 1 \pm i$

Lösung der homogenen Differentialgleichung :

$u = e^x(A\cos x + B\sin x)$

Ansatz für die inhomogene Differentialgleichung :

$y = xe^x(C_1\sin x + C_2\cos x) + C_0$

$$y' = e^x\{C_1\sin x + C_2\cos x + x(C_1\cos x - C_2\sin x) + x(C_1\sin x + C_2\cos x)\}$$
$$= e^x\{C_1\sin x + C_2\cos x + x[(C_1+C_2)\cos x + (C_1-C_2)\sin x]\}$$
$$y'' = e^x\{C_1\sin x + C_2\cos x + x[(C_1+C_2)\cos x + (C_1-C_2)\sin x]$$
$$+ C_1\cos x - C_2\sin x + (C_1+C_2)\cos x + (C_1-C_2)\sin x$$
$$+ x[-(C_1+C_2)\sin x + (C_1-C_2)\cos x]\}$$
$$= e^x\{2(C_1+C_2)\cos x + 2(C_1-C_2)\sin x + x[2C_1\cos x - 2C_2\sin x]\}$$

Einsetzen in die Differentialgleichung und ordnen :

$$y'' - 2y' + 2y = e^x\{2\cos x(C_1+C_2-C_1) + 2\sin x(C_1-C_2-C_1)$$
$$+ 2x\cos x(C_1-C_1-C_2+C_2) + 2x\sin x(-C_2-C_1+C_2+C_1)\}$$
$$+ 2C_0$$
$$= e^x\{2C_1\cos x - 2C_2\sin x\} + 2C_0$$
$$= 2e^x\cos x + 1$$
$$\rightarrow \quad C_0 = \frac{1}{2} \qquad C_1 = 1, \ C_2 = 0$$
$$v = xe^x\sin x + \frac{1}{2}$$

Allgemeine Lösung

$$y = e^x\{A\cos x + (B+x)\sin x\} + \frac{1}{2}$$

3. Beispiel

Gegeben : $y'' - 2y' + 5y = e^{-x}\cos 2x$

Gesucht : Allgemeine Lösung.

Lösung : $r^2 - 2r + 5 = 0 \qquad r_{1/2} = 1 \pm 2i$

Lösung der homogenen Differentialgleichung :

$$u = e^x(A\cos 2x + B\sin 2x)$$

Die rechte Seite ist also nicht eine spezielle Lösung der homogenen Differentialgleichung. Man macht daher den einfachen Ansatz nach Abschnitt III. :

$$y = e^{-x}(C_1\cos 2x + C_2\sin 2x)$$
$$y' = e^{-x}\{(-C_1+2C_2)\cos 2x - (C_2+2C_1)\sin 2x\}$$

$$y'' = e^{-x}\{(C_1 - 2C_2 - 2C_2 - 4C_1)\cos 2x + (C_2 + 2C_1 + 2C_1 - 4C_2)\sin 2x\}$$
$$= e^{-x}\{-(4C_2 + 3C_1)\cos 2x + (4C_1 - 3C_2)\sin 2x\}$$

Einsetzen in die Differentialgleichung:

$$y'' - 2y' + 5y = e^{-x}\{\cos 2x(-4C_2 - 3C_1 + 2C_1 - 4C_2 + 5C_1) + \sin 2x(4C_1 - 3C_2 + 2C_2 + 4C_1 + 5C_2)\}$$
$$= e^{-x}\cos 2x$$

$$e^{-x}\{(4C_1 - 8C_2)\cos 2x + (8C_1 + 4C_2)\sin 2x\} = e^{-x}\cos 2x$$

$$\left.\begin{array}{l} 4C_1 - 8C_2 = 1 \\ 8C_1 + 4C_2 = 0 \end{array}\right\} \rightarrow \quad C_1 = \frac{1}{20} \qquad C_2 = -\frac{1}{10}$$

$$v = \frac{1}{20} e^{-x}(\cos 2x - 2\sin 2x)$$

Ergebnis: $\quad y = \cos 2x\left(Ae^x + \frac{1}{20}e^{-x}\right) + \sin 2x\left(Be^x - \frac{1}{10}e^{-x}\right)$

3. Fall

Die rechte Seite ist ein Polynom, und $r = 0$ ist Lösung der charakteristischen Gleichung $\qquad r^2 + Pr + Q = 0$.

Dies ist nur dann möglich, wenn $Q = 0$ ist.

Die zugehörige Differentialgleichung lautet:

$$y'' + Py' = a_0 + a_1 x + a_2 x^2 + \ldots + a_n x^n$$

[Den Fall der doppelten Lösung $r_{1/2} = 0$ wollen wir hier nicht betrachten, da dann auch $P = 0$ ist und die Differentialgleichung durch zweifache Jntegration gelöst werden kann.]

Wie man sieht, führt hier nicht der Ansatz

$$y = C_0 + C_1 x + C_2 x^2 + \ldots + C_n x^n$$

aus Abschnitt III. zum Ziel, da dann x^n auf der linken Seite der Differentialgleichung gar nicht vorkommt. Man benutzt daher den Ansatz:

$$y = x(C_0 + C_1 x + C_2 x^2 + \ldots + C_n x^n)$$
$$= C_0 x + C_1 x^2 + C_2 x^3 + \ldots + C_n x^{n+1}$$

Beispiel

Gegeben: $y'' + 3y' = 2x^3 - 1$

Gesucht: Allgemeine Lösung.

Lösung: $r^2 + 3r = 0 \quad \rightarrow \quad r_1 = 0 \quad r_2 = -3$

Lösung der homogenen Differentialgleichung:

$$u = A + Be^{-3x}$$

Ansatz für die inhomogene Differentialgleichung:

$$y = C_0x + C_1x^2 + C_2x^3 + C_3x^4$$
$$y' = C_0 + 2C_1x + 3C_2x^2 + 4C_3x^3$$
$$y'' = 2C_1 + 6C_2x + 12C_3x^2$$

Einsetzen in die Differentialgleichung:

$$(2C_1 + 3C_0) + (6C_2 + 6C_1)x + (12C_3 + 9C_2)x^2 + 12C_3x^3 = 2x^3 - 1$$

Koeffizientenvergleich:

x^3: $\quad 12C_3 = 2 \quad \rightarrow \quad C_3 = \frac{1}{6}$

x^2: $\quad 12C_3 + 9C_2 = 0 \quad \rightarrow \quad C_2 = -\frac{2}{9}$

x^1: $\quad 6C_2 + 6C_1 = 0 \quad \rightarrow \quad C_1 = \frac{2}{9}$

x^0: $\quad 2C_1 + 3C_0 = -1 \quad \rightarrow \quad C_0 = -\frac{13}{27}$

$$v = -\frac{13}{27}x + \frac{2}{9}x^2 - \frac{2}{9}x^3 + \frac{1}{6}x^4$$

Ergebnis: $y = A + Be^{-3x} + \frac{x}{3}\left(-\frac{13}{9} + \frac{2}{3}x - \frac{2}{3}x^2 + \frac{1}{2}x^3\right)$

V. Die Methode der Variation der Konstanten

a) Allgemeines

In den vorigen Abschnitten wurden diejenigen Fälle besprochen, in denen sich eine spezielle Lösung der inhomogenen Differentialgleichung durch einen geeigneten Ansatz finden läßt. In allen anderen Fällen muß man aber ein systematisches Verfahren einschlagen, das natürlich mit größerem Rechenaufwand verbunden ist.

Die Methode der Variation der Konstanten für Differentialgleichungen 2. Ordnung ist die Erweiterung der in Kapitel 2, §8, IV besprochenen Methode für Differentialgleichungen 1. Ordnung. Auch hier geht man von der allgemeinen Lösung der homogenen Differentialgleichung aus —

zuvor : $u = C \cdot y$

jetzt : $u = C_1 y_1 + C_2 y_2$ —

und macht mit Hilfe dieser Lösung einen Ansatz für die Lösung v der inhomogenen Differentialgleichung, indem man die Konstanten durch noch unbestimmte Funktionen von x ersetzt.

Jm früheren Fall konnte man die gesuchte Funktion, dort C_x genannt, direkt aus ihrer Ableitung durch Jntegration gewinnen.

Jetzt werden zwei lineare Gleichungen für die beiden Ableitungen $\frac{dC_1}{dx}$ und $\frac{dC_2}{dx}$ aufgestellt.

Die anschließende Berechnung von C_1 und C_2 durch Jntegration wird jedoch i. a. für die rechten Seiten $R(x)$, die nicht zu den zuvor aufgezählten Sonderfällen gehören, recht kompliziert.

Da die Methode der Variation der Konstanten bei den linearen Differentialgleichungen mit variablen Koeffizienten eine große Rolle spielt, sei sie hier gleich für den allgemeinen Fall einer linearen Differentialgleichung 2. Ordnung mit Koeffizienten $P(x)$ und $Q(x)$ hergeleitet.

b) Aufstellen der Bestimmungsgleichungen

Gegeben ist die lineare Differentialgleichung 2. Ordnung

$$y'' + P(x)y' + Q(x)y = R(x)$$

Die allgemeine Lösung der zugehörigen homogenen Differentialgleichung lautet

$$u = C_1 y_1 + C_2 y_2 .$$

Die partikulären Lösungen erfüllen die Gleichungen

(I) $\quad y_1'' + P(x)y_1' + Q(x)y_1 = 0$

(II) $\quad y_2'' + P(x)y_2' + Q(x)y_2 = 0$

Ansatz für die inhomogene Differentialgleichung :

$$v = C_1 y_1 + C_2 y_2 ,$$

wobei C_1 und C_2 jetzt Funktionen von x sind, die noch bestimmt werden müssen .

Differentiation :

$$v' = C_1' y_1 + C_2' y_2 + C_1 y_1' + C_2 y_2'$$

Da die Wahl der speziellen Lösung v beliebig ist, kann zusätzlich zur Differentialgleichung eine beliebige spezielle Bedingung für die Funktionen C_1 und C_2 vorgeschrieben werden.

Zusatzbedingung :

(III) $$C_1' y_1 + C_2' y_2 = 0$$

Dann lautet : $v' = C_1 y_1' + C_2 y_2'$

und $v'' = C_1' y_1' + C_2' y_2' + C_1 y_1'' + C_2 y_2''$

Nun wird der Ansatz in die Differentialgleichung eingesetzt und geordnet :

$$C_1' y_1' + C_2' y_2' + C_1 \{ \underbrace{y_1'' + P(x) y_1' + Q(x) y_1}_{= 0 \text{ wegen (I)}} \} + C_2 \{ \underbrace{y_2'' + P(x) y_2' + Q(x) y_2}_{= 0 \text{ wegen (II)}} \} = R(x)$$

Dies ergibt :

(IV) $$C_1' y_1' + C_2' y_2' = R(x)$$

Die Gleichungen (III) und (IV) bilden das lineare Gleichungssystem zur Bestimmung der Ableitungen C_1' und C_2' der gesuchten Funktionen

(1) $C_1' y_1 + C_2' y_2 = 0$

(2) $C_1' y_1' + C_2' y_2' = R(x)$

Die Determinante des Gleichungssystems

$$\begin{vmatrix} y_1 & y_2 \\ y_1' & y_2' \end{vmatrix}$$

ist $\neq 0$, da die partikulären Lösungen y_1 , y_2 voneinander unabhängig sind. Somit besitzt das Gleichungssystem stets genau eine Lösung .

c) Rechnungsgang

[1] In der gegebenen Differentialgleichung setzt man $R(x) = 0$ und erhält dadurch die homogene Gleichung

$$\frac{d^2y}{dx^2} + P(x) \frac{dy}{dx} + Q(x) y = 0$$

[2] Man ermittelt die partikulären Lösungen y_1 und y_2 der homogenen

Differentialgleichung. Dann ist

$$y = C_1 y_1 + C_2 y_2$$

die allgemeine Lösung der homogenen Differentialgleichung und gleichzeitig der Ansatz für die inhomogene Differentialgleichung

3 Für die unbekannten Funktionen stellt man die Bestimmungsgleichungen auf:

(1) $$C_1' y_1 + C_2' y_2 = 0$$

(2) $$C_1' y_1' + C_2' y_2' = R(x)$$

4 Man löst das Gleichungssystem nach C_1' und C_2' auf und findet C_1 und C_2 durch Integration. Führt man in C_1 und C_2 die Integrationskonstanten mit, so erhält man durch die Variation der Konstanten sofort die <u>allgemeine</u> Lösung der inhomogenen Differentialgleichung.

d) Beispiele

1. Beispiel

Gegeben: $y'' - 3y' + 2y = \frac{1}{x}$

Gesucht: Allgemeine Lösung

Lösung:

1 homogene Differentialgleichung: $y'' - 3y' + 2y = 0$

2 Der Ansatz $y = e^{rx}$ führt auf die Lösungen

$$y_1 = e^{x}, \qquad y_2 = e^{2x}$$

$$\frac{dy_1}{dx} = e^{x}, \qquad \frac{dy_2}{dx} = 2e^{2x}$$

$$y = C_1 e^{x} + C_2 e^{2x}$$

3

(1) $$e^{x}\frac{dC_1}{dx} + e^{2x}\frac{dC_2}{dx} = 0$$

(2) $$e^{x}\frac{dC_1}{dx} + 2e^{2x}\frac{dC_2}{dx} = \frac{1}{x}$$

(1) − (2):

$$e^{2x}\frac{dC_2}{dx} = \frac{1}{x}$$

$$C_2 = \int \frac{e^{-2x}}{x}\,dx$$

Das Integral ist nur durch Reihenentwicklung lösbar:

$$e^x = 1 + \frac{x}{1!} + \frac{x^2}{2!} + \frac{x^3}{3!} + \dots$$

$$e^{-2x} = 1 - \frac{2x}{1!} + \frac{2^2x^2}{2!} - \frac{2^3x^3}{3!} + - \dots$$

$$\frac{e^{-2x}}{x} = \frac{1}{x} - \frac{2}{1!} + \frac{2^2x}{2!} - \frac{2^3x^2}{3!} + - \dots$$

Gliedweise Integrieren:

$$C_2 = \int \frac{e^{-2x}}{x}\,dx = \ln|x| - \frac{2x}{1!} + \frac{2^2x^2}{2\cdot 2!} - \frac{2^3x^3}{3\cdot 3!} + - \dots + k_2$$

Berechnung von C_1 aus Gleichung (1):

$$\frac{dC_1}{dx} = -e^{2x}\frac{dC_2}{dx}\cdot e^{-x} = -\frac{e^{-x}}{x}$$

Integration durch Reihenentwicklung analog wie vorher

$$C_1 = -\left(\ln|x| - \frac{x}{1\cdot 1!} + \frac{x^2}{2\cdot 2!} - \frac{x^3}{3\cdot 3!} + - \dots\right) + k_1$$

[4] Die allgemeine Lösung lautet:

$$y = k_1e^x + k_2e^{2x} - e^x\left(\ln|x| - \frac{x}{1\cdot 1!} + \frac{x^2}{2\cdot 2!} - \frac{x^3}{3\cdot 3!} + - \dots\right)$$
$$+ e^{2x}\left(\ln|x| - \frac{2x}{1\cdot 1!} + \frac{2^2x^2}{2\cdot 2!} - \frac{2^3x^3}{3\cdot 3!} + - \dots\right)$$

2. Beispiel

Gegeben: $y'' + y = \tan x$

Gesucht: Allgemeine Lösung.

Lösung:

[1] homogene Differentialgleichung: $y'' + y = 0$

[2] Lösung: $y_1 = \sin x \qquad y_2 = \cos x$

$$\frac{dy_1}{dx} = \cos x \qquad \frac{dy_2}{dx} = -\sin x$$

$$y = C_1 \sin x + C_2 \cos x$$

[3] Gleichungssystem:

$$
\begin{aligned}
&① \quad \sin x \frac{dC_1}{dx} + \cos x \frac{dC_2}{dx} = 0 && | \cdot \sin x \\
&② \quad \cos x \frac{dC_1}{dx} - \sin x \frac{dC_2}{dx} = \tan x && | \cdot \cos x
\end{aligned}
\Bigg\} +
$$

$$\frac{dC_1}{dx} = \sin x \quad \rightarrow \quad C_1 = -\cos x + k_1$$

Berechnung von C_2 aus ① :

$$\sin^2 x + \cos x \frac{dC_2}{dx} = 0$$

$$\frac{dC_2}{dx} = -\frac{\sin^2 x}{\cos x}$$

$$C_2 = -\int \frac{\sin^2 x}{\cos x} dx = \sin x - \ln \tan \left(\frac{\pi}{4} + \frac{x}{2} \right) + k_2$$

[4] Allgemeine Lösung :

$$
\begin{aligned}
y &= k_1 \sin x + k_2 \cos x - \cancel{\sin x \cos x} + \cancel{\sin x \cos x} \\
&\qquad - \cos x \cdot \ln \tan \left(\frac{\pi}{4} + \frac{x}{2} \right) \\
&= k_1 \sin x + k_2 \cos x - \cos x \cdot \ln \tan \left(\frac{\pi}{2} + \frac{x}{2} \right)
\end{aligned}
$$

VI. Übungsaufgaben

1) $y'' + 2y' - y = (2x^2 + 4x - 1) \cos x + \sin x (-2x^2 + 4x + 1)$

Lösung: $y = e^{-x} (Ae^{\sqrt{2}x} + Be^{-\sqrt{2}x}) + x^2 \sin x + \frac{1}{2} \cos x$

2) $y'' - 6y' + 9y = 6xe^{3x}$

Lösung: $y = e^{3x} (A + Bx + x^3)$

3) $y'' - 5y' = -30x^5 + 30x^4 + 20x - 4$

Lösung: $y = A + Be^{5x} + x^6 - 2x^2$

4) $y'' + 4y = \frac{2}{\sin^2 x}$

Lösung: $y = A \sin 2x + B \cos 2x - 2 (\cos^2 x + x \sin 2x + \cos 2x \cdot \ln \sin x)$

VII. Die erzwungene Schwingung

Die homogene Schwingungsdifferentialgleichung lautet (siehe §5):

$$\ddot{y} + 2\lambda\dot{y} + \omega^2 y = 0 ,$$

wobei ω die Eigenfrequenz des schwingenden Systems ist und λ die Reibung angibt.

Unter der Einwirkung einer äußeren Kraft im mechanischen, bzw. einer Wechselspannung im elektrischen Fall erhält man eine inhomogene Schwingungsdifferentialgleichung von der Form

$$\ddot{y} + 2\lambda\dot{y} + \omega^2 y = R(t)$$

Jm mechanischen Fall, indem man die Differentialgleichung aus der Kräftebilanz aufstellt, ist $R(t)$ direkt die äußere Beschleunigung. Jm elektrischen Fall, wo man die Differentialgleichung aus der Spannungsbilanz durch Differenzieren erhält, ist die rechte Seite gleich der zeitlichen Ableitung der angelegten Spannung, dividiert durch L. (Jm Falle von Gleichspannung hatte dies die homogene Differentialgleichung ergeben.)

Eine besondere Rolle spielt in der Praxis der rechnerisch einfache Fall der periodisch wirkenden äußeren Kraft

$$K(t) = C_1 \cos \Omega t$$

bzw. der sinusförmigen Wechselspannung

$$U(t) = C_2 \cdot \sin \Omega t .$$

Setzt man im ersten Fall $C_1 = m \cdot C$ und im zweiten $C_2 = \frac{L \cdot C}{\Omega}$, so erhält man beidesmal die inhomogene Schwingungsdifferentialgleichung

$$\ddot{y} + 2\lambda\dot{y} + \omega^2 y = C \cdot \cos \Omega t$$

Hierin ist ω die aus der Dimensionierung des Systems resultierende Eigenfrequenz, mit der es ohne Anstoß von außen schwingt, während Ω die willkürliche Frequenz ist, die dem System von außen aufgezwungen wird. Jm Sonderfall $\Omega = \omega$ — erregende Frequenz = Eigenfrequenz — spricht man von „Resonanz".

Die allgemeine Lösung der homogenen Differentialgleichung ist aus §5 hinlänglich bekannt. Wir wollen uns hier nur mit der speziellen Lösung der inhomogenen Differentialgleichung beschäftigen.

Man macht einen Lösungsansatz „vom Typ der rechten Seite"

$$y = A \sin \Omega t + B \cos \Omega t$$

$$\dot{y} = A\Omega \cos \Omega t - B\Omega \sin \Omega t$$
$$\ddot{y} = -A\Omega^2 \sin \Omega t - B\Omega^2 \cos \Omega t$$

Einsetzen und Koeffizientenvergleich ergibt die beiden Gleichungen :

$\sin \Omega t$: $\qquad -A\Omega^2 - 2\lambda B\Omega + \omega^2 A = 0$

$\cos \Omega t$: $\qquad -B\Omega^2 + 2\lambda A\Omega + \omega^2 B = C$

Aus der ersten Gleichung folgt :

$$B = A\,\frac{\omega^2 - \Omega^2}{2\lambda\Omega}$$

Einsetzen in die zweite Gleichung ergibt nach Umformung :

$$A = \frac{2\lambda\Omega}{(\omega^2-\Omega^2)^2 + (2\lambda\Omega)^2}\,C$$

$$\longrightarrow \qquad B = \frac{\omega^2-\Omega^2}{(\omega^2-\Omega^2)^2 + (2\lambda\Omega)^2}\,C$$

a) <u>Resonanzfall</u>

Von besonderem Jnteresse ist der Fall der Resonanz $\Omega = \omega$.

Hier erhält man $B = 0$, $A = \dfrac{C}{2\lambda\Omega}$.

Dies ergibt die Lösung

(1) $$y = \frac{C}{2\lambda\Omega}\sin \Omega t \quad .$$

Vergleicht man diese Schwingung mit der von außen aufgeprägten Cosinusschwingung , so stellt man fest, daß sie um eine viertel Schwingungsdauer phasenverschoben ist .

b) <u>reibungsfreier Fall</u>

Jm Falle $\lambda = 0$ erhält man $A = 0$, $B = \dfrac{C}{\omega^2-\Omega^2}$.

Die Lösung lautet :

(2) $$y = \frac{C}{\omega^2-\Omega^2}\cos \Omega t \quad ,$$

d.h. die Schwingung ist mit der erregenden Schwingung im Gleich- takt falls $\Omega < \omega$, für $\Omega > \omega$ gerade im Gegentakt.

c) <u>Resonanzkatastrophe</u>

Tritt im reibungsfreien Fall Resonanz auf , so erkennt man sowohl an Gleichung (1) wie auch an Gleichung (2) , daß die Amplitude unendlich groß wird. Da diesem Effekt keine Anlage standhält, spricht man von „Resonanzkatastrophe".

d) maximale Amplitude im Falle mit Reibung.

Wir wollen uns hier die Frage stellen, wie groß die Eigenfrequenz Ω sein muß im Falle $\lambda \neq 0$, damit die Amplitude der resultierenden Schwingung maximal wird.

Hierzu muß die Lösung

$$y = A \sin \Omega t + B \cos \Omega t$$

in die Form

$$y = D \cos(\Omega t - \varphi)$$

überführt werden.

Durch Vergleich von $D\cos(\Omega t - \varphi) = D(\cos \Omega t \cos\varphi + \sin \Omega t \sin\varphi)$ mit der ursprünglichen Lösung erhält man

$$D = \sqrt{A^2 + B^2} = \sqrt{\frac{(2\lambda\Omega)^2}{[(\omega^2-\Omega^2)^2+(2\lambda\Omega)^2]^2} + \frac{(\omega^2-\Omega^2)^2}{[(\omega^2-\Omega^2)^2+(2\lambda\Omega)^2]^2}} \cdot C$$

$$\rightarrow \qquad D = \frac{C}{\sqrt{(\omega^2-\Omega^2)^2+(2\lambda\Omega)^2}}\,.$$

Das vorliegende Problem läßt sich als Extremwertaufgabe lösen.

$$\frac{dD}{d\Omega} = -\frac{1}{2}\,\frac{2(\omega^2-\Omega^2)(-2\Omega)+2(2\lambda\Omega)\cdot 2\lambda}{\sqrt{(\omega^2-\Omega^2)^2+(2\lambda\Omega)^2}^{\,3}}\,C$$

$$= -\frac{2\Omega(\Omega^2-\omega^2+2\lambda^2)}{\sqrt{(\omega^2-\Omega^2)^2+(2\lambda\Omega)^2}^{\,3}}\cdot C$$

$\frac{dD}{d\Omega} = 0 \quad \rightarrow$

a) $\Omega = 0$, d.h. die äußere Kraft ist konstant $D = \frac{C}{\omega^2}$.

b) $\Omega^2 = \omega^2 - 2\lambda^2$, $\quad \Omega = \sqrt{\omega^2 - 2\lambda^2}$

Der Extremwert existiert nur im Falle der schwachen Dämpfung $\lambda^2 < \omega^2$

$$D = \frac{C}{2\lambda\sqrt{\omega^2-\lambda^2}}\,.$$

Anschließend ist der Amplitudenverlauf im reibungsfreien Fall und im Falle mit Reibung skizziert:

a) reibungsfrei

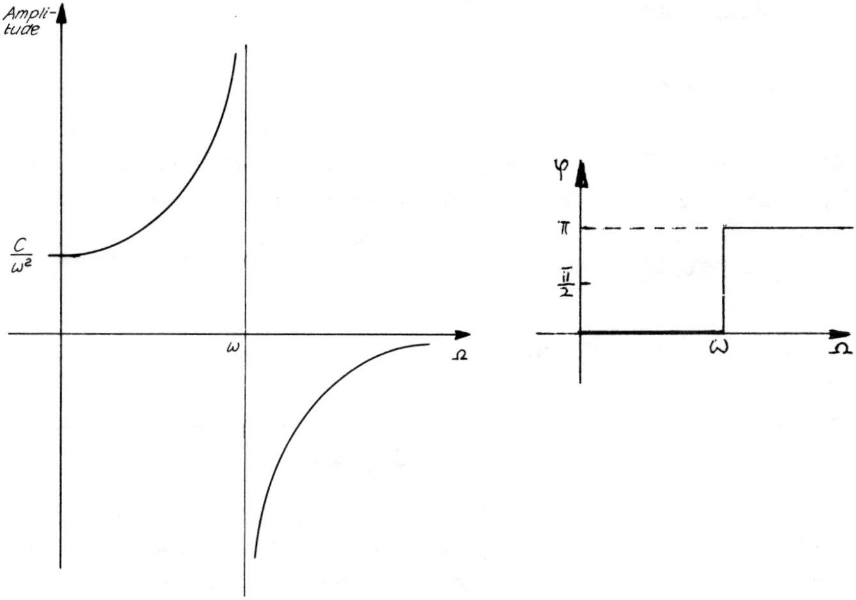

b) mit Reibung

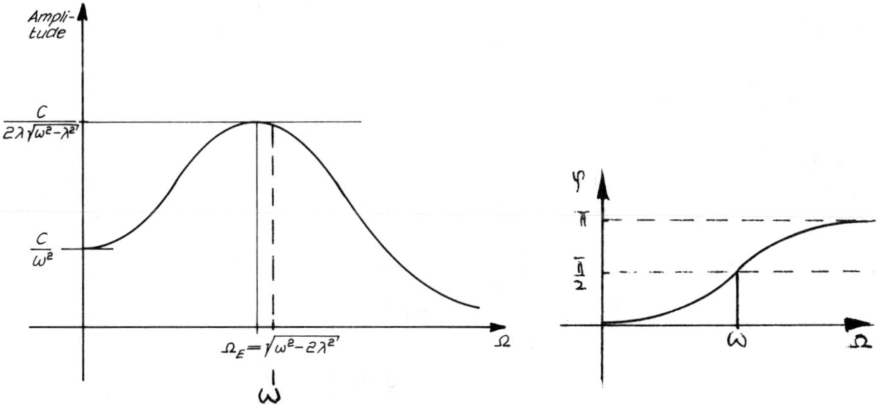

Jm Fall b) tritt noch eine Phasenverschiebung auf um den Winkel

$$\tan\varphi = \frac{A}{B} = \frac{2\lambda\,\Omega}{\omega^2 - \Omega^2}$$

Für $0 \leqq \Omega \leqq \omega$ ist $0 \leqq \varphi \leqq \frac{\pi}{2}$,

für $\Omega \geqq \omega$ ist $\frac{\pi}{2} \leqq \varphi \leqq \pi$.

§ 7 Lineare Differentialgleichungen 2. Ordnung mit variablen Koeffizienten .

I. Vorbemerkung

Die inhomogene Differentialgleichung wird mit der in § 6., V. besprochenen Methode der Variation der Konstanten bestimmt. Wir wollen uns in den nächsten beiden Abschnitten zunächst mit der homogenen Differentialgleichung beschäftigen.

II. Die Eulersche Differentialgleichung

Ein Fall, der einfach zu lösen ist, ist die Eulersche Differentialgleichung

$$ax^2y'' + bxy' + cy = 0 ,$$

wobei a, b und c Konstante sind.

Hier führt ein Potenzansatz $y = x^r$ zum Ziel, da dann alle drei Summanden von gleichem Grade sind. Der Exponent r wird bestimmt aus der Differentialgleichung, nachdem der Ansatz dort eingesetzt wurde:

$$y = x^r, \qquad y' = rx^{r-1}, \qquad y'' = r(r-1)x^{r-2}$$

$$\longrightarrow \qquad ar(r-1)x^r + brx^r + cx^r = 0$$

$$(*) \qquad ar(r-1) + br + c = 0$$

Beispiel

$$2x^2y'' - 3xy' + 3y = 0$$

Der Ansatz $y = x^r$

ergibt $y' = r \cdot x^{r-1}$ $\qquad y'' = r(r-1)x^{r-2}$

$$2r(r-1) - 3r + 3 = 0$$

$$2r^2 - 5r + 3 = 0$$

$$r_{1/2} = \frac{5 \pm \sqrt{25-24}}{4}$$

$$r_1 = \frac{3}{2}, \qquad r_2 = 1 .$$

Die partikulären Lösungen lauten: $y_1 = x^{\frac{3}{2}} = x\sqrt{x}$, $\quad y_2 = x$

und die allgemeine Lösung: $y = C_1x\sqrt{x} + C_2x = x\left(C_1\sqrt{x} + C_2\right)$

1. Sonderfall

Falls die Bestimmungsgleichung für r eine doppelte Lösung $r_1 = r_2 = k$ besitzt, liefert der Ansatz zunächst nur eine partikuläre Lösung $y_1 = x^k$. Es läßt sich jedoch zeigen, daß dann die Funktion $y_2 = x^k \cdot \ln x$ immer ebenfalls Lösung ist.

Beweis:

Aus der Bestimmungsgleichung (✱) für r und den zugehörigen Lösungen $r_{1/2} = \frac{a-b \pm \sqrt{(a-b)^2 - 4ac}}{2a}$ folgt, wenn $r = k$ doppelte Lösung ist:

① $\quad ak(k-1) + bk + c = 0$

② $\quad k = \frac{a-b}{2a} \quad$ bzw. $\quad 2ak - a + b = 0$

Sei $\quad y_2 = x^k \ln x$.

Dann ist $\quad y_2' = k x^{k-1} \ln x + x^{k-1}$

$$y_2'' = k(k-1)x^{k-2} \ln x + kx^{k-2} + (k-1)x^{k-2}$$
$$= k(k-1)x^{k-2} \ln x + (2k-1)x^{k-2}$$

Durch Einsetzen in die linke Seite der Differentialgleichung zeigt sich, daß y_2 Lösung ist:

$$ax^2 y_2'' + bxy_2' + cy = ax^2\left\{k(k-1)x^{k-2}\ln x + (2k-1)x^{k-2}\right\} + bx\left\{kx^{k-1}\ln x + x^{k-1}\right\} + cx^k \cdot \ln x$$
$$= \underbrace{\left\{ak(k-1) + bk + c\right\}}_{=0 \text{ wegen } ①} x^k \cdot \ln x + \underbrace{\left\{a(2k-1) + b\right\}}_{=0 \text{ wegen } ②} x^k$$

Beispiel

$$x^2 y'' + 3xy' + y = 0$$
$$y = x^r \longrightarrow r(r-1) + 3r + 1 = 0$$
$$r^2 + 2r + 1 = 0$$
$$r_{1/2} = -1$$
$$y_1 = x^{-1} = \frac{1}{x}, \qquad y_2 = \frac{1}{x}\ln x$$

Allgemeine Lösung: $\quad y = \frac{1}{x}(C_1 + C_2 \ln x)$

2. Sonderfall

Die Lösungen der Bestimmungsgleichung für r sind nicht reell. Dann sind sie konjugiert komplex

$$r_1 = \alpha + i\beta \qquad r_2 = \alpha - i\beta$$

Dann sind

$$y_1 = x^{\alpha} \cdot \cos(\beta \cdot \ln x) \quad \text{und} \quad y_2 = x^{\alpha} \cdot \sin(\beta \cdot \ln x)$$

Lösungen der Differentialgleichung.

Beweis :

Der Beweis läßt sich am bequemsten führen, wenn man die beiden Lösungen „komplex zusammenfaßt". Da bei linearen Differentialgleichungen Linearkombinationen von Lösungen stets wieder Lösungen sind, ist mit y_1 und y_2 auch

$$y = y_1 + iy_2 = x^{\alpha}\left\{\cos(\beta \cdot \ln x) + i\sin(\alpha \cdot \ln x)\right\} = x^{\alpha} e^{i\beta \ln x}$$

Lösung.

$$y' = \alpha x^{\alpha-1} e^{i\beta \ln x} + x^{\alpha} \cdot i\beta e^{i\beta \ln x} \cdot \frac{1}{x}$$

$$= x^{\alpha-1} e^{i\beta \ln x}(\alpha + i\beta)$$

$$y'' = (\alpha + i\beta)\left\{(\alpha - 1)x^{\alpha-2} e^{i\beta \ln x} + x^{\alpha-1} \cdot i\beta e^{i\beta \ln x} \cdot \frac{1}{x}\right\}$$

$$= x^{\alpha-2} e^{i\beta \ln x}(\alpha + i\beta)(\alpha + i\beta - 1)$$

$$ax^2y'' + bxy' + cy = x^{\alpha} e^{i\beta \ln x}\left\{a(\alpha + i\beta)(\alpha + i\beta - 1) + b(\alpha + i\beta) + c\right\} = 0$$

Da $r = \alpha + i\beta$ Lösung der Bestimmungsgleichung (*) ist, ist der Klammerausdruck Null.

Die Funktion y erfüllt die Differentialgleichung, was zu beweisen war.

Beispiel

$$x^2y'' + 3xy' + 2y = 0$$

$$y = x^r \quad \longrightarrow \quad r(r-1) + 3r + 2 = 0$$

$$r^2 + 2r + 2 = 0$$

$$r_{1/2} = -1 \pm i$$

$$y_1 = \frac{1}{x}\cos(\ln x), \qquad y_2 = \frac{1}{x}\sin(\ln x)$$

allgemeine Lösung :

$$y = \frac{1}{x}\left\{C_1 \cos(\ln x) + C_2 \sin(\ln x)\right\}$$

III. Reduktion der Ordnung

Hat man bereits — eventuell durch Raten — eine partikuläre Lösung der Differentialgleichung gefunden, so besteht die Möglichkeit, die Ordnung der Differentialgleichung um eins zu reduzieren durch den „Reduktionsansatz"

$$y_2 = u(x)\,y_1 \quad .$$

Setzt man diesen Ansatz in die Differentialgleichung

$$y'' + P(x)y' + Q(x)y = 0$$

ein, so erhält man nach Umformung eine Differentialgleichung 1. Ordnung für u'.

$$y_2' = uy_1' + u'y_1$$

$$y_2'' = uy_1'' + 2u'y_1' + u''y_1$$

Einsetzen:

$$(uy_1'' + 2u'y_1' + u''y_1) + P(x)(uy_1' + u'y_1) + Q(x)\cdot uy_1 = 0$$

$$u\left(y_1'' + P(x)y_1' + Q(x)y_1\right) + u'\left(2y_1' + P(x)y_1\right) + u''y_1 = 0$$

Der erste Ausdruck ist Null, da y_1 Lösung der Differentialgleichung ist. Es bleibt eine Differentialgleichung 1. Ordnung für u':

(**) $$y_1\cdot u'' + (2y_1' + P(x)y_1)\,u' = 0$$

Durch Trennung der Variablen erhält man hieraus die Funktion u'.

1. Beispiel

$$y''\sin x - y'\cos x + \frac{y}{\sin x} = 0$$

Die erste partikuläre Lösung $y_1 = \sin x$ findet man durch Raten.

Kontrolle: $y' = \cos x$, $y'' = -\sin x$.

$$y''\sin x - y'\cos x + \frac{y}{\sin x} = -\sin^2 x - \cos^2 x + 1 = 0$$

Ansatz für y_2:

$$y_2 = u\cdot y_1 = u\cdot\sin x$$

$$y_2' = u'\sin x + u\cos x$$

$$y_2'' = u''\sin x + 2u'\cos x - u\sin x$$

Einsetzen in die Differentialgleichung:

$$(u''\sin x + 2u'\cos x - u\sin x)\sin x - (u'\sin x + u\cos x)\cos x + \frac{u\cdot\sin x}{\sin x} = 0$$

Zusammenfassen (u fällt weg):

$$u'' \cdot \sin^2 x + u' \sin x \cos x = 0$$

$$u'' \sin x + u' \cos x = 0$$

Substitution $z = u'$ und Trennung der Variablen:

$$\frac{dz}{z} = -\frac{\cos x}{\sin x}\,dx$$

$$\ln z = -\ln \sin x$$

$$z = \frac{1}{\sin x} = u'$$

$$u = \int \frac{dx}{\sin x} = \ln \tan \frac{x}{2}$$

$$y_2 = \sin x \cdot \ln \tan \frac{x}{2}$$

Allgemeine Lösung:

$$y = \sin x \left(C_1 + C_2 \cdot \ln \tan \frac{x}{2} \right)$$

2. Beispiel

$$y'' + xy' - y = 0$$

Die 1. Lösung $y_1 = x$ erhält man durch Raten.

Ansatz für y_2:

$$y_2 = u \cdot x$$

$$y_2' = u'x + u$$

$$y_2'' = u''x + 2u'$$

Einsetzen in die Differentialgleichung:

$$(u''x + 2u') + x(u'x + u) - u \cdot x = 0$$

$$u''x + u'(2 + x^2) = 0$$

$z = u'$, Trennung der Variablen:

$$\frac{dz}{z} = -\frac{2 + x^2}{x}\,dx$$

$$\int \frac{dz}{z} = -\int \left(\frac{2}{x} + x \right) dx$$

$$\ln z = -2 \ln x - \frac{x^2}{2}$$

$$z = \frac{1}{x^2}\,e^{-\frac{x^2}{2}}$$

$$u = \int \frac{1}{x^2}\,e^{-\frac{x^2}{2}}\,dx$$

Integration durch Reihenentwicklung:

$$e^{-\frac{x^2}{2}} = 1 - \frac{x^2}{2\cdot 1!} + \frac{x^4}{2^2\cdot 2!} - \frac{x^6}{2^3\cdot 3!} + - \dots$$

$$\frac{e^{-\frac{x^2}{2}}}{x^2} = \frac{1}{x^2} - \frac{1}{2\cdot 1!} + \frac{x^2}{2^2\cdot 2!} - \frac{x^4}{2^3\cdot 3!} + - \dots$$

$$u = \int \frac{e^{-\frac{x^2}{2}}}{x^2}\,dx = -\frac{1}{x} - \frac{x}{2\cdot 1!} + \frac{x^3}{3\cdot 2^2\cdot 2!} - \frac{x^5}{5\cdot 2^3\cdot 3!} + - \dots$$

$$y_2 = xu = -1 - \frac{x^2}{2\cdot 1!} + \frac{x^4}{3\cdot 2^2\cdot 2!} - \frac{x^6}{5\cdot 2^3\cdot 3!} + - \dots$$

IV. Lösung der inhomogenen Differentialgleichung

Mit wenigen Ausnahmen muß hier die Methode der Variation der Konstanten angewendet werden.

1. Beispiel

$$x^2y'' - 6y = x^3.$$

Die homogene Differentialgleichung ist eine Eulersche Differentialgleichung.

$$y = x^r \quad \longrightarrow \quad r(r-1) - 6 = 0$$

$$r^2 - r - 6 = 0$$

$$r_1 = 3, \quad r_2 = -2.$$

Partikuläre Lösungen der homogenen Differentialgleichung:

$$y_1 = x^3, \quad y_2 = \frac{1}{x^2}.$$

Der Ansatz $y = C_1(x)\cdot x^3 + \frac{C_2(x)}{x^2}$ für die inhomogene Differentialgleichung nach der Methode der Variation der Konstanten führt auf das Gleichungssystem

$$y_1 \cdot \frac{dC_1}{dx} + y_2 \cdot \frac{dC_2}{dx} = 0$$

$$\frac{dy_1}{dx}\cdot\frac{dC_1}{dx} + \frac{dy_2}{dx}\cdot\frac{dC_2}{dx} = R(x)$$

Besonders zu beachten ist hierbei, daß $R(x)$ die rechte Seite der Differentialgleichung in der Normalform ist, wenn der Vorfaktor von y'' eins ist. Man muß also die Differentialgleichung zuerst durch x^2 dividieren und erhält:

$$y'' - \frac{6}{x^2}y = x \; .$$

① $$x^3\frac{dC_1}{dx} + \frac{1}{x^2}\frac{dC_2}{dx} = 0$$

② $$3x^2\frac{dC_1}{dx} - \frac{2}{x^3}\frac{dC_2}{dx} = x$$

Aus ① : $$\frac{dC_1}{dx} = -\frac{1}{x^5}\frac{dC_2}{dx}$$

Einsetzen in ② : $$-\frac{3}{x^3}\frac{dC_2}{dx} - \frac{2}{x^3}\frac{dC_2}{dx} = x$$

$$\frac{dC_2}{dx} = -\frac{x^3}{5}\cdot x = -\frac{x^4}{5}$$

$$C_2 = -\frac{x^5}{25}$$

$$\frac{dC_1}{dx} = -\frac{1}{x^5}\cdot\frac{dC_2}{dx} = \frac{1}{5x} \quad \longrightarrow \quad C_1 = \frac{1}{5}\ln x$$

$$y = C_1(x)\cdot x^3 + \frac{C_2(x)}{x^2} = \frac{1}{5}x^3\ln x - \frac{x^3}{25}$$

Die allgemeine Lösung der gegebenen Differentialgleichung lautet also:

$$y = C_1 x^3 + \frac{C_2}{x^2} + \frac{1}{5}x^3\ln x - \frac{x^3}{25}$$

bzw. — da $\frac{x^3}{25}$ bereits in C_1x^3 enthalten ist :

$$y = \frac{C_2}{x^2} + x^3\left(C_1 + \frac{1}{5}\ln x\right) \; .$$

2. Beispiel

$$y''\cos^2 x - 2y = 5x$$

Die 1. Lösung der homogenen Differentialgleichung

$$y''\cos^2 x - 2y = 0$$

wird geraten : $y_1 = \tan x$.

Kontrolle : $y_1' = \frac{1}{\cos^2 x}$, $y_1'' = \frac{2\sin x}{\cos^3 x}$

$$y_1''\cos^2 x - 2y_1 = \frac{2\sin x}{\cos x} - 2\tan x = 0$$

Reduktionsansatz für y_2 :

$$y_2 = u\cdot\tan x$$

$$y_2' = u'\tan x + \frac{u}{\cos^2 x}$$

$$y_2'' = u''\tan x + \frac{2u'}{\cos^2 x} + \frac{2\sin x}{\cos^3 x}u$$

Einsetzen in die homogene Differentialgleichung :

$$\left(u''\tan x + \frac{2u'}{\cos^2 x} + \frac{2\sin x}{\cos^3 x}u\right)\cos^2 x - 2u\tan x = 0$$

Umformung ergibt :

$$u''\sin x\cos x + 2u' = 0$$

Substitution $z = u'$ und Trennung der Variablen :

$$\frac{dz}{z} = -\frac{2}{\sin x\cos x}dx$$

$$\int\frac{dz}{z} = -\int\frac{4\,dx}{\sin 2x}$$

$$\ln z = -2\ln\tan x$$

$$z = \frac{1}{(\tan x)^2} = \frac{\cos^2 x}{\sin^2 x}$$

$$u' = \frac{\cos^2 x}{\sin^2 x} = \frac{1-\sin^2 x}{\sin^2 x} = \frac{1}{\sin^2 x} - 1$$

$$u = -\cot x - x$$

$$y_2 = (-\cot x - x)\tan x = -1 - x\tan x$$

Allgemeine Lösung der homogenen Differentialgleichung :

$$u = C_1\tan x + C_2\,(1 + x\tan x)$$

$y = -\frac{5}{2}x$ ist eine spezielle Lösung der inhomogenen Differentialgleichung, da $y'' = 0$.

Allgemeine Lösung der gegebenen Differentialgleichung

$$y = C_1\tan x + C_2\,(1 + x\tan x) - \frac{5}{2}x$$

§ 8. Gemischte Aufgaben

1. Aufgabe :

Gegeben : $y'' + 2y' - 3y = \sin^2 x$

Gesucht : Allgemeine Lösung .

Lösung: Die allgemeine Lösung der homogenen Differentialgleichung lautet:

$$y = C_1 e^{-3x} + C_2 e^x$$

Die Methode der Variation der Konstanten führt auf die Gleichungen:

(1) $$C_1' e^{-3x} + C_2' e^x = 0$$

(2) $$-3 C_1' e^{-3x} + C_2' e^x = \sin^2 x$$

mit den Lösungen

$$C_1' = -\frac{1}{4} \sin^2 x \, e^{3x}, \qquad C_2' = \frac{1}{4} \sin^2 x e^{-x}$$

Integration:

$$C_1 = -\frac{1}{4} \frac{e^{3x}}{3^2+2^2} \left\{ (3\sin x - 2\cos x) \sin x + \frac{2}{3} \right\}$$

$$C_2 = \frac{1}{4} \frac{e^{-x}}{1^2+2^2} \left\{ (-\sin x - 2\cos x) \sin x - 2 \right\}$$

Allgemeine Lösung:

$$y = C_1 e^{-3x} + C_2 e^x - \frac{1}{65} \left\{ (7\sin x + 4\cos x) \sin x + \frac{22}{3} \right\}$$

2. Aufgabe:

Gegeben: $x y'' - y' = x^2 e^x$ (Beispiel von I., § 2.)

Gesucht: Allgemeine Lösung

Lösung: Homogene Differentialgleichung:

$$y = C_1 + C_2 x^2$$

Die Lösung der inhomogenen Differentialgleichung läßt sich durch die Substitution $y' = p$ mit Hilfe der Variation der Konstanten für Differentialgleichungen 1. Ordnung lösen oder nach der neuen Methode für Differentialgleichungen 2. Ordnung.

Die Gleichung muß zuvor durch x dividiert werden!

Man erhält:

(1) $$\frac{dC_1}{dx} + \frac{dC_2}{dx} x^2 = 0$$

(2) $$2 \frac{dC_2}{dx} x = x e^x$$

$$C_1 = -\frac{1}{2} e^x (x^2 - 2x + 2)$$

$$C_2 = \frac{1}{2} e^x$$

Allgemeine Lösung :

$$y = C_1 + C_2 x^2 + e^x (x-1)$$

3. Aufgabe :

Gesucht ist diejenige Kurvenschar, deren Krümmungsmittelpunkte alle auf der x-Achse liegen.

Lösung :

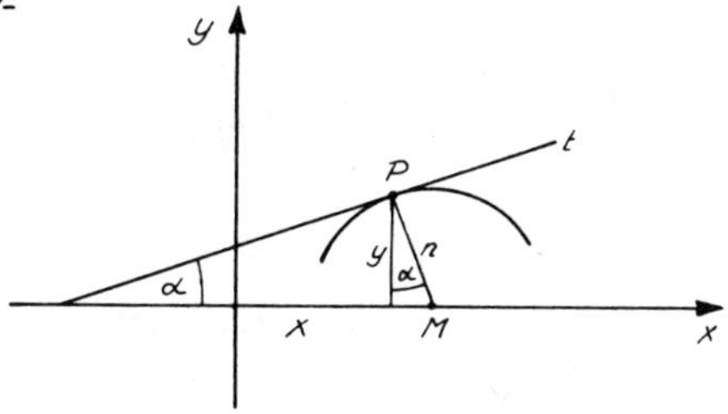

Aus der Geometrie folgt : $y' = \tan\alpha$

Länge der Normalen $\overline{PM}$: $n = \dfrac{y}{\cos\alpha} = y\sqrt{1+(\tan\alpha)^2}$

$$= y\sqrt{1+(y')^2}$$

Formel für den Krümmungsradius (siehe R. Demmig : „Differentialrechnung", Kapitel 3, §5) :

$$\varrho = \frac{\sqrt{1+(y')^2}^{\,3}}{y''}$$

Wenn der Krümmungsmittelpunkt auf der x-Achse liegen soll, muß $n = \varrho$ sein :

$$y\sqrt{1+(y')^2} = \frac{\sqrt{1+(y')^2}^{\,3}}{y''} \qquad \Big| : \sqrt{1+(y')^2}$$

$$\underline{yy'' = 1 + (y')^2}$$

Dies ist die endgültige Form der Differentialgleichung. Sie ist nicht linear, jedoch enthält sie x nicht explizit, sodaß man mit Vorteil die Substitution $\quad y' = p \qquad y'' = p \cdot \dfrac{dp}{dy}$

durchführt.

Dies ergibt:

$$yp\frac{dp}{dy} = 1+p^2$$

Trennung der Variablen ergibt:

$$\ln y = \frac{1}{2}\ln(1+p^2) + \ln C_1$$

$$y = C_1\sqrt{1+p^2}$$

$$p = \frac{dy}{dx} = \frac{\sqrt{y^2-C_1^2}}{C_1}$$

$$\int\frac{dy}{\sqrt{y^2-C_1^2}} = \int\frac{dx}{C_1}$$

$$\ln\left(y+\sqrt{y^2-C_1^2}\right) = \frac{x}{C_1} + C_2$$

$$x = C_1\left\{\ln\left(y+\sqrt{y^2-C_1^2}\right) - C_2\right\}$$

4. Aufgabe:

Gesucht ist die spezielle Lösung der Differentialgleichung

$$y'' + xy' - 2y = \sin x\,,$$

die die Anfangsbedingungen $y(0)=0$, $y'(0)=1$ erfüllt.

Lösung:

Da es sich um eine lineare Differentialgleichung mit variablen Koeffizienten handelt, würde das systematische Verfahren damit beginnen, eine partikuläre Lösung der homogenen Differentialgleichung zu suchen. Da dies nicht einfach ist, ist es hier besser, die rechte Seite in eine Reihe zu entwickeln.

$$\sin x = \frac{x}{1!} - \frac{x^3}{3!} + \frac{x^5}{5!} - \frac{x^7}{7!} + - \dots\,,$$

für y einen Potenzreihenansatz

$$y = C_0 + C_1x + C_2x^2 + C_3x^3 + \dots = \sum_{i=0}^{\infty} C_i x^i$$

zu machen und dann die unbekannten Koeffizienten durch Koeffizientenvergleich zu ermitteln.

$$y' = C_1 + 2C_2x + 3C_3x^2 + \dots = \sum_{i=1}^{\infty} iC_i x^{i-1}$$

$$y'' = \quad 2C_2 + 6C_3x + \dots = \sum_{i=2}^{\infty} i(i-1)C_i x^{i-2}$$

$$y''+xy'-2y = (2C_2-2C_0)+(6C_3+C_1-2C_1)x+(12C_4+2C_2-2C_2)x^2+\ldots$$
$$= \sum_{i=2}^{\infty} i(i-1)C_i x^{i-2} + \sum_{i=1}^{\infty} iC_i x^i - 2\sum_{i=0}^{\infty} C_i x^i$$
$$= \sum_{i=0}^{\infty} \left\{(i+2)(i+1)C_{i+2} + iC_i - 2C_i\right\}x^i$$
$$= \sum_{i=0}^{\infty} \left\{(i+2)(i+1)C_{i+2} + (i-2)C_i\right\}x^i$$

Das erste Integral wurde durch Indextransformation umgeformt, indem i durch $i+2$ ersetzt wurde.

Aus den Anfangsbedingungen $y(0)=0$ und $y'(0)=1$ folgt: $\underline{C_0 = 0}$, $\underline{C_1 = 1}$.

Koeffizientenvergleich:

$\underline{i=0}$	$2C_2 - 2C_0 = 0$	$\rightarrow$	$C_2 = 0$
$\underline{i=1}$	$6C_3 - C_1 = 1$	$\rightarrow$	$C_3 = \frac{1}{3}$
$\underline{i=2}$	$12C_4 = 0$	$\rightarrow$	$C_4 = 0$
$\underline{i=3}$	$20C_5 + C_3 = -\frac{1}{3!}$	$\rightarrow$	$C_5 = -\frac{1}{40}$

⋮

Die Koeffizienten mit geradem Index werden alle Null.

Rekursionsformel für die Koeffizienten mit ungeradem Index:

$$(i+2)(i+1)C_{i+2} + (i-2)C_i = (-1)^{\frac{i-1}{2}} \frac{1}{i!}$$

Die Reihe der gesuchten Lösung beginnt folgendermaßen:

$$y = x + \frac{x^3}{3} - \frac{x^5}{40} + \ldots$$

5. Aufgabe:

Bei einem elektrischen Schwingkreis mit vernachlässigbarem Ohmschem Widerstand und der Größe $L \cdot C = 0{,}25\,s^2$ ist folgende äußere Spannung angelegt:

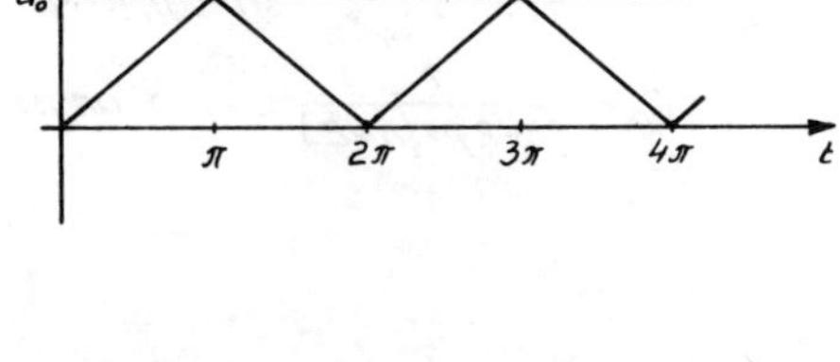

Eine spezielle Lösung der Differentialgleichung ist mit Hilfe einer Reihe zu ermitteln .

Lösung :

Die Differentialgleichung lautet :

$$L\ddot{J} + \frac{1}{C} J = \dot{U}$$

$$\ddot{J} + \frac{1}{L \cdot C} J = \frac{\dot{U}}{L} \quad \text{mit} \quad \omega^2 = \frac{1}{L \cdot C} = 4$$

$\dot{U}$ hat folgenden Verlauf :

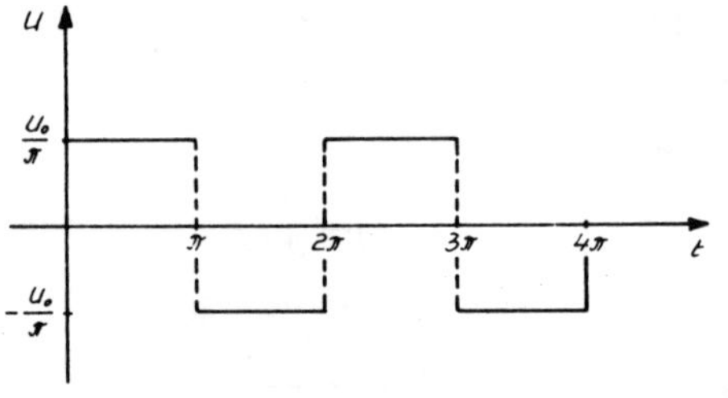

Die zugehörige FOURIERreihe lautet :

$$\frac{\dot{U}}{L} = \frac{U_0}{\pi L} \frac{4}{\pi} \left(\sin x + \frac{\sin 3x}{3} + \frac{\sin 5x}{5} + \ldots \right)$$

Lösungsansatz nach dem „Typ der rechten Seite" :

$$J = \frac{4U_0}{\pi^2 L} \left(C_1 \sin x + C_3 \sin 3x + C_5 \sin 5x + \ldots \right)$$

$$\ddot{J} = -\frac{4U_0}{\pi^2 L} \left(C_1 \sin x + 3^2 C_3 \sin 3x + 5^2 C_5 \sin 5x + \ldots \right)$$

Einsetzen ergibt :

$$C_1 (-1^2 + \omega^2) \sin x + C_3 (-3^2 + \omega^2) \sin 3x + C_5 (-5^2 + \omega^2) \sin 5x + \ldots$$
$$= \sin x + \frac{\sin 3x}{3} + \frac{\sin 5x}{5} + \ldots$$

Koeffizientenvergleich :

$$C_1 (\omega^2 - 1^2) = 1 , \quad C_3 (\omega^2 - 3^2) = \frac{1}{3} , \quad C_5 (\omega^2 - 5^2) = \frac{1}{5} , \quad \ldots$$

allgemein :

$$C_n (\omega^2 - n^2) = \frac{1}{n} \quad \longrightarrow \quad C_n = \frac{1}{n(\omega^2 - n^2)} = -\frac{1}{(n-\omega) n (n+\omega)}$$

$$\omega = 2 : \quad C_n = -\frac{1}{(n-2) n (n+2)} \quad n \text{ ungerade}$$

Ergebnis:

$$C_1 = \frac{1}{1\cdot 3}\,, \quad C_3 = -\frac{1}{1\cdot 3\cdot 5}\,, \quad C_5 = -\frac{1}{3\cdot 5\cdot 7}\,, \quad C_7 = -\frac{1}{5\cdot 7\cdot 9}\,, \quad \ldots$$

$$J = \frac{4U_0}{\pi^2 L}\left(\frac{\sin x}{1\cdot 3} - \frac{\sin 3x}{1\cdot 3\cdot 5} - \frac{\sin 5x}{3\cdot 5\cdot 7} - \frac{\sin 7x}{5\cdot 7\cdot 9} - \ldots\right)$$

Kapitel 4. **Erweiterung der Ergebnisse auf lineare Differentialgleichungen von beliebiger Ordnung.**

§ 1. Allgemeines

I. Vorbemerkungen

Im letzten Kapitel hatten wir gesehen, daß die linearen Differentialgleichungen unter den Differentialgleichungen 2. Ordnung eine besondere Gruppe bilden, für die eine vollständige Lösungstheorie existiert. Bei den Beweisen zu den grundlegenden Sätzen war uns bereits aufgefallen, daß dabei die Linearität der Differentialgleichung die entscheidende Rolle spielt, während ihre Ordnung nichts an den Grundlagen der Beweisführung ändert. Das bedeutet, daß sich Sätze und Methoden ohne allzu große Abänderungen von den linearen Differentialgleichungen 2. Ordnung auf lineare Differentialgleichungen beliebiger Ordnung übertragen lassen. Die allgemeine lineare Differentialgleichung n-ter Ordnung hat die Form

$$y^{(n)}+a_{n-1}(x)y^{(n-1)}+\ldots+a_2(x)y''+a_1(x)y'+a_0(x)y=R(x)$$

Man beachte auch hier den Vorfaktor 1 vor der höchsten Ableitung, durch den die rechte Seite der Differentialgleichung „normiert" ist.
(Sollte der Koeffizient von $y^{(n)} \neq 1$ sein, so muß man die Differentialgleichung zuerst durch diesen Faktor dividieren, um die richtige rechte Seite zu erhalten.)
Die Koeffizienten $a_i(x)$ können Konstante oder Funktionen von x sein. Je nachdem spricht man von einer Differentialgleichung mit <u>konstanten</u> oder mit <u>variablen Koeffizienten</u>. Falls $R(x)=0$ ist, nennt man die Differentialgleichung <u>homogen</u>, sonst <u>inhomogen</u>.

II. Die homogene Differentialgleichung

Die allgemeine Lösung der homogenen Differentialgleichung n-ter Ordnung enthält n voneinander unabhängige partikuläre Lösungen mit n beliebigen Konstanten

$$u = C_1 y_1 + C_2 y_2 + \ldots + C_n y_n$$

(Im vorigen Kapitel war $n=2$ und $u = C_1 y_1 + C_2 y_2$)

Dies sieht man folgendermaßen ein:

An einer Stelle x_0 lassen sich der Funktionswert $y(x_0)$ und $n-1$ Ableitungen $y'(x_0)$, $y''(x_0)$, ... $y^{(n-1)}(x_0)$ vorschreiben, sodaß die n-te Ableitung $y^{(n)}(x_0)$ aus der Differentialgleichung berechnet werden kann. Diese so konstruierte Lösung muß in der allgemeinen Lösung u enthalten sein. Diese muß daher n willkürliche Konstanten enthalten, damit sie den insgesamt n Vorschriften angepaßt werden kann.

III. Die inhomogene Differentialgleichung

Wie bei den inhomogenen Differentialgleichungen 2. Ordnung setzt sich auch hier die allgemeine Lösung der inhomogenen Differentialgleichung zusammen aus der allgemeinen Lösung u der homogenen Differentialgleichung und einer speziellen Lösung v der inhomogenen Differentialgleichung.

$$y = u + v\ .$$

Der Beweis läuft analog wie in Kapitel 3, §3, Abschnitt V. Wir wollen daher hier darauf verzichten.

§2. Homogene lineare Differentialgleichungen mit konstanten Koeffizienten.

Form der Differentialgleichung:

$$y^{(n)} + a_{n-1} y^{(n-1)} + \ldots + a_2 y'' + a_1 y' + a_0 y = 0\ .$$

Man macht wie im vorigen Kapitel den Lösungsansatz

$$y = e^{rx}$$

und erhält daraus die <u>charakteristische Gleichung</u>

$$r^n + a_{n-1} r^{n-1} + \ldots + a_2 r^2 + a_1 r + a_0 = 0\ .$$

Sie ist eine Gleichung n-ten Grades mit höchstens n verschiedenen Lösungen für r. In vielen Fällen werden sich die Lösungen nur iterativ bestimmen lassen, etwa mit dem Näherungsverfahren von NEWTON.

Folgende Lösungstypen lassen sich unterscheiden (vgl. Kapitel 3, §4, 2.):

1. Fall

Die Lösungen sind reell und verschieden:

$$u = C_1 e^{r_1 x} + C_2 e^{r_2 x} + \ldots + C_n e^{r_n x}$$

2. Fall

Es gibt komplexe Lösungen. Dann sind je zwei Lösungen zueinander konjugiert komplex, da die Koeffizienten der charakteristischen Gleichung reell sind.

Je zwei konjugiert komplexe Lösungen

$$r_1 = \alpha + i\beta, \qquad r_2 = \alpha - i\beta$$

mit den zugehörigen partikulären Lösungen

$$\bar{y}_1 = e^{\alpha x}(\cos\beta x + i\sin\beta x), \quad \bar{y}_2 = e^{\alpha x}(\cos\beta x - i\sin\beta x)$$

lassen sich zu der reellen Lösung

$$e^{\alpha x}(C_1\cos\beta x + C_2\sin\beta x)$$

zusammenfassen.

3. Fall

Mehrfache Lösungen:

Ist die Lösung q-fach, d.h. $r_1 = r_2 = \ldots = r_q \equiv r_0$, (wobei natürlich $q \leqq n$ ist), dann lauten die zugehörigen partikulären Lösungen

$$y_1 = e^{r_0 x}, \quad y_2 = x e^{r_0 x}, \quad y_3 = x^2 e^{r_0 x}, \quad \ldots, \quad y_q = x^{q-1} e^{r_0 x}.$$

In Kapitel 3 war lediglich der Beweis für den Fall $q = 2$ geführt worden.

Wir wollen uns hier mit dem Hinweis auf die Analogie den Aufwand des neuen Beweises ersparen.

Bemerkenswert ist die Möglichkeit, daß von $n = 4$ an aufwärts auch mehrfache konjugiert komplexe Lösungen auftreten können. Diese ergibt die paarweise zueinander gehörigen komplexen Lösungen ($2q \leqq n$):

$$\bar{y}_1 = e^{(\alpha+i\beta)x} = e^{\alpha x}(\cos\beta x + i\sin\beta x), \quad \bar{y}_2 = e^{(\alpha-i\beta)x} = e^{\alpha x}(\cos\beta x - i\sin\beta x)$$

$$\bar{y}_3 = x e^{(\alpha+i\beta)x} = x e^{\alpha x}(\cos\beta x + i\sin\beta x), \quad \bar{y}_4 = x e^{(\alpha-i\beta)x} = x e^{\alpha x}(\cos\beta x - i\sin\beta x)$$

$$\vdots \qquad\qquad \vdots$$

$$\bar{y}_{2q-1} = x^{q-1} e^{(\alpha+i\beta)x} \qquad \bar{y}_{2q} = x^{q-1} e^{(\alpha-i\beta)x}$$

und ihre reelle Zusammenfassung

$$e^{\alpha x}\Big\{C_1\cos\beta x + C_2\sin\beta x + x\,(C_3\cos\beta x + C_4\sin\beta x) + \dots$$
$$+\,x^{q-1}\,(C_{2q-1}\cos\beta x + C_{2q}\sin\beta x)\Big\}$$

1. Beispiel

$$y^{(V)} + y^{(IV)} - 2y''' - 2y'' + y' + y = 0$$

Ansatz: $y = e^{rx}$

charakteristische Gleichung:

$$r^5 + r^4 - 2r^3 - 2r^2 + r + 1 = 0 \quad .$$

Die 1. Lösung $\underline{r_1 = 1}$ wird geraten und führt nach Division durch $(r-1)$ auf die reduzierte Gleichung:

$$r^4 + 2r^3 - 2r - 1 = 0 \quad .$$

$\underline{r_2 = 1}$ ergibt: $\quad r^3 + 3r^2 + 3r + 1 = 0 \quad .$

$\underline{r_3 = -1}$ führt auf die quadratische Gleichung

$$r^2 + 2r + 1 = 0$$

mit den Lösungen $\quad \underline{r_{4/5} = -1}$

Somit ist $r = 1$ eine doppelte und $r = -1$ eine dreifache Lösung. Die partikulären Lösungen lauten:

$$y_1 = e^x, \quad y_2 = xe^x, \quad y_3 = e^{-x}, \quad y_4 = xe^{-x}, \quad y_5 = x^2e^{-x}$$

und die allgemeine Lösung

$$y = e^x(C_1 + C_2x) + e^{-x}(C_3 + C_4x + C_5x^2)$$

2. Beispiel

$$y^{(VI)} - 2y^{(V)} + 4y^{(IV)} - 4y''' + 5y'' - 2y' + 2y = 0$$

Ansatz: $y = e^{rx}$

charakteristische Gleichung:

$$r^6 - 2r^5 + 4r^4 - 4r^3 + 5r^2 - 2r + 2 = 0$$

Die erste Lösung wird geraten: $\underline{r_1 = i}$

Folglich muß auch $\underline{r_2 = -i}$ Lösung sein. Reduzierte Gleichung:

$$r^4 - 2r^3 + 3r^2 - 2r + 2 = 0$$

$\underline{r_3 = i}$, $\underline{r_4 = -i}$ $\quad\longrightarrow\quad r^2 - 2r + 2 = 0$

$$r_{5/6} = 1 \pm i$$

Somit sind $r=i$ und $r=-i$ doppelte und $r=1\pm i$ einfache Lösungen.

Die komplexen Partikulärlösungen lauten

$\bar{y}_1 = \cos x + i\sin x$ $\qquad$ $\bar{y}_2 = \cos x - i\sin x$

$\bar{y}_3 = x(\cos x + i\sin x)$ $\qquad$ $\bar{y}_4 = x(\cos x - i\sin x)$

$\bar{y}_5 = e^x(\cos x + i\sin x)$ $\qquad$ $\bar{y}_6 = e^x(\cos x - i\sin x)$

Allgemeine (reelle) Lösung:

$$y = \cos x\,(C_1 + C_2x + C_3e^x) + \sin x\,(C_4 + C_5x + C_6e^x)$$

§ 3. Homogene lineare Differentialgleichungen mit variablen Koeffizienten.

I. Die Eulersche Differentialgleichung

Die Eulersche Differentialgleichung

$$x^n y^{(n)} + a_{n-1}x^{n-1}\cdot y^{(n-1)} + \ldots + a_2x^2y'' + a_1xy' + a_0y = 0$$

wird wie in Kapitel 3 gelöst durch den Ansatz $y=x^r$. Dies ergibt eine Gleichung n-ten Grades für r, die wiederum häufig nur durch ein Jterationsverfahren lösbar ist.

Jm Jdealfall besitzt die Gleichung n verschiedene reelle Lösungen. Dann liefert der Ansatz sofort die für die allgemeine Lösung der Differentialgleichung benötigten n verschiedenen partikulären Lösungen.

a) Mehrfache reelle Lösungen

Den Fall einer doppelten reellen Lösung hatten wir bereits in Kapitel 3, diskutiert. Man erhielt dort die beiden Lösungen: $y_1 = x^r$ und $y_2 = x^r\cdot \ln x$. Analog lauten hier die partikulären Lösungen der Differentialgleichung bei einer q-fachen $(q \leqq n)$ reellen Lösung der algebraischen Gleichung

$$y_1 = x^r, \quad y_2 = x^r\cdot\ln x, \quad y_3 = x^r\cdot(\ln x)^2, \quad \ldots, \quad y_q = x^r\cdot(\ln x)^{q-1}.$$

b) Komplexe Lösungen

Auch hier sind die komplexen Lösungen stets paarweise konjugiert komplex.

Bereits in Kapitel 3, §7, 2. hatten wir für die Werte

$$r_1 = \alpha + i\beta\,, \qquad r_2 = \alpha - i\beta$$

die Lösungen

$$y_1 = x^\alpha \cos(\beta \ln x)\,, \qquad y_2 = x^\alpha \sin(\beta \ln x)$$

erhalten.

Bei mehrfachen konjugiert komplexen Lösungen tritt wie bei mehrfachen reellen Lösungen noch zusätzlich der Faktor $\ln x$ auf.

$$y_3 = x^\alpha \cos(\beta \ln x)\ln x\,, \qquad y_4 = x^\alpha \sin(\beta \ln x)\cdot \ln x$$
$$y_5 = x^\alpha \cos(\beta \ln x)\cdot(\ln x)^2\,, \qquad y_6 = x^\alpha \sin(\beta \ln x)\cdot(\ln x)^2$$
$$\vdots \qquad\qquad\qquad \vdots$$

II. Reduktion der Ordnung

Hat man eine erste Lösung y_1 der Differentialgleichung

$$y^{(n)} + a_{n-1}y^{(n-1)} + \ldots + a_2 y'' + a_1 y' + a_0 y = 0$$

gefunden, so kann man mit dem Ansatz

$$y_2 = u \cdot y_1$$

die Ordnung der Differentialgleichung um eins reduzieren. Durch Einsetzen in die ursprüngliche Differentialgleichung erhält man nämlich eine Differentialgleichung n-ter Ordnung für u, in der aber der Ausdruck, der u enthält,

$$u\left(y_1^{(n)} + a_{n-1}y_1^{(n-1)} + \ldots + a_2 y_1'' + a_1 y_1' + a_0 y_1\right)$$

Null wird und wegfällt. Ersetzt man u' durch z, so hat man nun eine Differentialgleichung für z von der Ordnung $n-1$ gewonnen.

Beispiel

$$y - xy' + \frac{x^2}{2}y'' + \frac{x^3}{2}y''' = 0$$

Lösung durch Raten: $y_1 = x$

Reduktionsansatz: $y_2 = u\cdot x\,, \quad y_2' = u + u'x$

$$y_2'' = 2u' + u''x\,, \quad y_2''' = 3u'' + u'''x$$

Einsetzen in die Differentialgleichung:

$$u\cdot x - x(u + u'x) + \frac{x^2}{2}(2u' + u''x) + \frac{x^3}{2}(3u'' + u'''x) = 0$$

$$u''\left(\frac{x^3}{2} + \frac{3x^3}{2}\right) + u'''\frac{x^4}{2} = 0$$

$$2u'' + \frac{x}{2} u''' = 0$$

Substitution $z = u''$

$$2z + \frac{x}{2} z' = 0$$

$$\frac{dz}{z} = -\frac{4}{x} dx$$

$$\ln z = -4 \ln x + \ln C$$

$$z = \frac{C}{x^4} = u''$$

$$u' = -\frac{C}{3x^3}, \quad u = \frac{C}{6x^2}$$

Die partikulären Lösungen der Differentialgleichung von u lauten :.

$$u_1 = x \quad (\text{da } u' \text{ fehlt}), \quad u_2 = \frac{1}{x^2} .$$

Lösung der ursprünglichen Differentialgleichung :

$$y_1 = x, \quad y_2 = x^2, \quad y_3 = \frac{1}{x} .$$

$$y = C_1 x + C_2 x^2 + \frac{C_3}{x} .$$

§4. Inhomogene lineare Differentialgleichungen

I. Ansatz vom Typ der rechten Seite

Bei linearen Differentialgleichungen mit konstanten Koeffizienten läßt sich eine spezielle Lösung durch einen passenden Ansatz „vom Typ der rechten Seite" mit noch unbestimmten Koeffizienten finden, falls die rechte Seite eine Polynomfunktion, eine Exponentialfunktion, eine Sinus- oder Cosinusfunktion oder eine Summe oder ein Produkt dieser Funktionen ist.
Die möglichen Ansätze wurden bereits in Kapitel 3, §6, III. und IV. beschrieben.
Zu beachten sind wiederum die Fälle, die auf der rechten Seite die Funktion $y = e^{(\alpha + i\beta)x}$ enthalten (wobei auch α oder β Null sein kann bei reinen trigonometrischen bzw. reinen Exponentialfunktionen), wenn diese Funktion bereits Lösung der homogenen Differentialgleichung ist.

Jst y einfache Lösung der homogenen Differentialgleichung — dieser Fall wurde bereits in Kapitel 3 besprochen — so macht man für die inhomogene Differentialgleichung den Ansatz

$$Cxe^{(\alpha+i\beta)x}$$

bzw. in reeller Schreibweise

$$xe^{\alpha x}(C_1\cos\beta x + C_2\sin\beta x) .$$

Jst die Funktion y aber eine mehrfache Lösung der homogenen Differentialgleichung — sagen wir q-fache Lösung — , so besitzt die homogene Differentialgleichung laut §2 bereits die partikulären Lösungen

$$y_1 = e^{(\alpha+i\beta)x}, \quad y_2 = xe^{(\alpha+i\beta)x}, \quad \ldots, \quad y_q = x^{q-1}e^{(\alpha+i\beta)x} .$$

Dann macht man den Ansatz

$$Cx^q e^{(\alpha+i\beta)x} .$$

Jst die rechte Seite eine Polynomfunktion und $r=0$ bereits l-fache Lösung der charakteristischen Gleichung, so macht man analog zu §1, IV., 3. Fall den Ansatz:

$$y = x^l(a_0 + a_1x + a_2x^2 + \ldots + a_nx^n)$$

Daß $r=0$ Lösung der charakteristischen Gleichung ist, bedeutet nämlich, daß y in der Differentialgleichung nicht vorkommt, ist $r=0$ doppelte Lösung, dann kommt auch y' in der Differentialgleichung nicht vor.

Allgemein: Jst $r=0$ l-fache Lösung, so enthält die Differentialgleichung nur die Ableitungen von $y^{(l)}$ an aufwärts. Für $y^{(l)}$ kann man den einfachen Polynomansatz machen. Die Funktion y erhält man aus $y^{(l)}$ durch l-fache Integration, wobei alle Exponenten um l größer werden. Dies erklärt den veränderten Ansatz für y.

II. Variation der Konstanten

Bei allen inhomogenen Differentialgleichungen mit variablen Koeffizienten und mit konstanten Koeffizienten, deren rechte Seite nicht aus den in I. erwähnten Funktionen zusammengesetzt ist, benutzt man, sofern man nicht eine spezielle Lösung erraten kann, die Methode der Variation der Konstanten.

Die allgemeine Lösung der zur Differentialgleichung

$$y^{(n)}+a_{n-1}(x)y^{(n-1)}+\ldots+a_2(x)y''+a_1(x)y'+a_0(x)y=R(x)$$

gehörigen homogenen Differentialgleichung lautet:

$$y=C_1y_1+C_2y_2+C_3y_3+\ldots+C_ny_n \quad .$$

Zur Lösung der inhomogenen Differentialgleichung macht man den gleichen Ansatz, wobei die Konstanten nun zu unbestimmten Funktionen von x werden. Da die Auswahl der speziellen Lösung beliebig ist, kann man zusätzlich zur Differentialgleichung $n-1$ beliebige Bedingungen für die n unbekannten Funktionen stellen.

Wir differenzieren:

(1) $$y'=\underbrace{C_1'y_1+C_2'y_2+\ldots+C_n'y_n}_{=0}+C_1y_1'+C_2y_2'+\ldots+C_ny_n'$$

Der erste Summand wird willkürlich gleich Null gesetzt (1. Bedingung).

(2) $$y''=\underbrace{C_1'y_1'+C_2'y_2'+\ldots+C_n'y_n'}_{=0}+C_1y_1''+C_2y_2''+\ldots+C_ny_n''$$

Wiederum wird der zweite Summand willkürlich gleich Null gesetzt (2. Bedingung)

(3) $$y'''=\underbrace{C_1'y_1''+C_2'y_2''+\ldots+C_n'y_n''}_{=0}+C_1y_1'''+C_2y_2'''+\ldots+C_ny_n'''$$

(3. Bedingung)

Die $(n-1)$-te Ableitung und letzte Bedingung lautet:

(n−1) $$y^{(n-1)}=\underbrace{C_1'y_1^{(n-2)}+C_2'y_2^{(n-2)}+\ldots+C_n'y_n^{(n-2)}}_{0}+C_1y_1^{(n-1)}+C_2y_2^{(n-1)}+\ldots+C_ny_n^{(n-1)}$$

n-te Ableitung:

$$y^{(n)}=\left\{C_1'y_1^{(n-1)}+C_2'y_2^{(n-1)}+\ldots+C_n'y_n^{(n-1)}\right\}+C_1y_1^{(n)}+C_2y_2^{(n)}+\ldots+C_ny_n^{(n)}$$

Beim Einsetzen der Ableitungen in die Differentialgleichung werden die rechts stehenden Kolonnen, in denen die Funktionen $C_1, C_2, \ldots, C_n$ undifferenziert enthalten sind, Null, da die Funktionen $y_1, y_2, \ldots, y_n$ die homogene Differentialgleichung erfüllen.

Es bleibt von der Differentialgleichung die Bedingung

(n) $$C_1'y_1^{(n-1)}+C_2'y_2^{(n-1)}+\ldots+C_n'y_n^{(n-1)}=R(x) \quad .$$

Faßt man nun alle Bedingungen zusammen, so erhält man ein Gleichungssystem aus n linearen Gleichungen für die Ableitungen der n gesuchten Funktionen:

$$\begin{aligned}
C_1' y_1 + C_2' y_2 + \dots + C_n' y_n &= 0 \\
C_1' y_1' + C_2' y_2' + \dots + C_n' y_n' &= 0 \\
C_1' y_1'' + C_2' y_2'' + \dots + C_n' y_n'' &= 0 \\
\vdots \qquad \vdots \qquad\quad \vdots \quad &\quad \vdots \\
C_1' y_1^{(n-1)} + C_2 y_2^{(n-1)} + \dots + C_n' y_n^{(n-1)} &= R(x)
\end{aligned}$$

Wiederum fällt die Analogie zu den in Kapitel 3, §6, V. besprochenen Differentialgleichungen 2. Ordnung ins Auge. Für $n = 2$ erhält man nämlich wieder wie zuvor:

$$\begin{aligned}
C_1' y_1 + C_2' y_2 &= 0 \\
C_1' y_1' + C_2' y_2' &= R(x)
\end{aligned}$$

Die Bedingung dafür, daß das obige Gleichungssystem für die $C_1', C_2', \dots, C_n'$ eindeutig lösbar ist, ist, daß seine Determinante

$$\begin{vmatrix}
y_1 & y_2 & \cdots & y_n \\
y_1' & y_2' & \cdots & y_n' \\
\vdots & & & \\
y_1^{(n-1)} & y_2^{(n-1)} & \cdots & y_n^{(n-1)}
\end{vmatrix}$$

von Null verschieden ist. Die Determinante heißt WRONSKI-Determinante. Man kann zeigen, daß sie immer $\neq 0$ ist, wenn die n partikulären Lösungen $y_1, y_2, \dots, y_n$ — wie es sein muß — voneinander unabhängig sind.

III. Schlußbemerkung

In der Praxis ist es häufig nicht erforderlich, die allgemeine Lösung einer Differentialgleichung zu kennen, sondern es genügt, eine bestimmte spezielle Lösung zu ermitteln, die die gegebenen Anfangsbedingungen erfüllt.

Dann ist es vielfach günstig, die Lösung durch einen Potenzreihenansatz zu ermitteln

$$y = \sum_{i=1}^{n} C_i x^i \quad .$$

wie in Kapitel 3, §8, 4 Aufgabe. Die ersten Konstanten $C_0, \dots, C_{n-1}$

bestimmt man aus den Anfangsbedingungen, die übrigen aus der Differentialgleichung, indem man mittels Koeffizientenvergleich eine Rekursionsformel aufstellt.

Das Verfahren ist aber nur möglich, wenn sowohl alle Koeffizienten als auch die rechte Seite der Differentialgleichung, Potenzen oder Polynome von x oder wenigstens Potenzreihen sind, die im Lösungsbereich konvergieren.

§ 5. Übungsaufgaben

1) $-6y+6xy'-3x^2y''+17x^3y'''+10x^4y^{IV}+x^5y^{V}=0$

allgemeine Lösung:

$$y=C_1x+C_2x\ln x+\frac{C_3}{x}+C_4x^2+\frac{C_5}{x^3}$$

2) $x^3y'''-3x^2y''+6xy'-6y=x$

allgemeine Lösung:

$$y=C_1x+C_2x^2+C_3x^3+\frac{1}{2}x\cdot\ln x$$

(Lösung der inhomogenen Differentialgleichung mit Variation der Konstanten)

3) $\frac{y'''}{\sin x}+\frac{y''}{\cos x}+\frac{y'}{\sin x}+\frac{y}{\cos x}=0$

allgemeine Lösung:

$$y=C_1\sin x+C_2\cos x+C_3x\sin x$$

($y_1=\sin x$ durch Raten. Reduktion der Ordnung ergibt:

$u'''+u''\left(3\frac{\cos x}{\sin x}+\frac{\sin x}{\cos x}\right)=0$ mit den Lösungen $u_1=x$, $u_2=\cot x$)

4) $y^{IV}-2y''-3y=\sin x+e^x$

allgemeine Lösung:

$$y=C_1e^{\sqrt{3}x}+C_2e^{-\sqrt{3}x}+C_3\sin x+C_4\cos x-\frac{1}{4}e^x+\frac{1}{8}x\cos x$$

(Ansatz vom Typ der rechten Seite)

Sachverzeichnis

G. Demmig

AUFGABENSAMMLUNG

ZUM REPETITORIUM HÖHERE MATHEMATIK

TEIL I

mit 266 Aufgaben und 93 Abbildungen
1979, DIN A 5, 150 Seiten, ISBN 3–921092–41–8

Inhalt: Algebra (höhere Stufe), Differentialrechnung, Anwendung der Differentialrechnung, Analytische Geometrie und Vektorrechnung

TEIL II

mit 186 Aufgaben und 58 Abbildungen
1980, DIN A 5, 126 Seiten, ISBN 3–921092–42–6

Inhalt: Integralrechnung, Funktionsreihen, Differentialgleichungen

Die Aufgaben sind methodisch geordnet. Jedem Abschnitt ist die notwendige Theorie vorangestellt. Lösungsgänge sind mit allen wichtigen Hinweisen und mit Abbildungen versehen.

Die Aufgaben fordern zum selbständigen Denken und zum Erarbeiten des Ansatzes auf, sind abwechslungsreich und greifen immer wieder auf vorangegangene Methoden zurück.

Zum Demmig-Repetitorium Höhere Mathematik ist die Sammlung eine wertvolle Ergänzung. Sie dient zur Kontrolle beim Selbststudium und empfiehlt sich zur Vorbereitung von Prüfungen.

Für die Hand des Lehrers ist die Aufgabensammlung eine wertvolle Hilfe bei der Stundenvorbereitung.

G. Demmig

VEKTORRECHNUNG TEIL I

Repetitorium mit 78 Aufgaben und 73 Abbildungen
3. Auflage 1976, DIN A 5, 102 Seiten, ISBN 3–921092–25–6

Vektoralgebra und Vektoranalysis in kartesischen Koordinaten.

Kapitel 1 bringt die Grundlagen der Vektorrechnung: Betrag und Richtung von Vektoren, Einheitsvektoren, Addition, Subtraktion, Skalarprodukt. Vektorprodukt: Spatprodukt, Mehrfachprodukte. In

Kapitel 2 werden die für die Vektoranalysis grundlegenden Begriffe Gradient Divergenz, Rotation, Nabla- und Laplaceoperator eingeführt.

VEKTORRECHNUNG TEIL II

Repetitorium mit 56 Aufgaben und 27 Abbildungen
2. Auflage 1975, DIN A 5, 84 Seiten, ISBN 3–921092–32–9

Polarkoordinaten, Zylinderkoordinaten, Kugelkoordinaten, Zirkulation, Ergiebigkeit, Integralsätze.

Kapitel 3 ist eine Fortführung der Problemstellung von Kapitel 2 und der Benutzung der in allen Anwendungsgebieten häufig verwendeten Polar-Zylinder- und Kugelkoordinaten. In

Kapitel 4 wird die Integration von Vektorfeldern (entlang beliebiger Wege, über Flächen und Volumina) behandelt. Hier findet der Leser die zu den in Kapitel 2 eingeführten Begriffen hinzutretenden Definitionen der Zirkulation und Ergiebigkeit sowie die in den Anwendungen ebenfalls häufig benutzten Integralsätze von Gauß und Stokes.

Voraussetzung für den Leser ist die Kenntnis der elementaren Differential- und Integralrechnung (Demmig-Bücher Höhere Mathematik 1-3).

Der besondere Vorteil der beiden Bände liegt in der großen Zahl der Aufgaben, die alls ausführlich vorgerechnet werden, sowie in der Vielseitigkeit der Aufgabentypen aus Algebra, analytischer Geometrie, Differentialgeometrie, Mechanik und Physik.

Der Leser wiederholt und übt anhand dieser Aufgaben auch gleichzeitig die Methoden des Differenzierens und Integrierens.

G. Demmig

KOMPLEXE ZAHLEN TEIL I

Repetitorium mit 50 Aufgaben und 20 Abbildungen
2. Auflage 1979, DIN A 5, 80 Seiten, ISBN 3–921092–40–X

Das Buch ist als Einführung gedacht und setzt daher keine bereits vorhandenen Kenntnisse auf dem Gebiet der komplexen Zahlen voraus. Es ist gleichermaßen geeignet zum Selbststudium wie zum Gebrauch neben Vorlesungen.

Kapitel 1 behandelt ausführlich die verschiedenen Darstellungen komplexer Zahlen, ihren Bezug zu reellen Zahlen und Vektoren und die arithmetischen Grundoperationen. Besonders eingegangen wird auf die Lösung quadratischer Gleichungen und Gleichungen höheren Grades im Komplexen.

Kapitel 2 ist den komplexen Funktionen und deren Reihendarstellung gewidmet. Ausführlich behandelt werden dabei die gebräuchlichsten Funktionen wie Exponentialfunktionen, trigonometrische und Hyperbelfunktionen. Anschließend werden ihre Umkehrfunktionen im Komplexen eingeführt.

KOMPLEXE ZAHLEN TEIL II

Repetitorium mit 46 Aufgaben und 35 Abbildungen
1970, DIN A 5, 90 Seiten, ISBN 3–921092–22–1

Die folgenden beiden Kapitel behandeln die Erweiterung der Infinitesimalrechnung ins Komplexe.

Kapitel 3 beschäftigt sich mit der Differentiation komplexer Funktionen, mit Differenzierbarkeitsbedingungen und Differentiationsregeln. Die Cauchy-Riemannschen Differentialgleichungen werden hergeleitet und die Bedeutung und Eigenschaft holomorpher Funktionen diskutiert. Der letzte Abschnitt ist den konformen Abbildungen gewidmet.

Kapitel 4 behandelt die Integration komplexer Funktionen. Entscheidende Ergebnisse wie Cauchyscher Integralsatz, Cauchysche Integralformel und Residuensatz werden hergeleitet. In diesem Zusammenhang werden auch Funktionen mit Polstellen und deren Entwicklung in Laurent-Reihen ausführlich behandelt.

Jedem Kapitel folgt ein Abschnitt mit einer Vielzahl von Aufgaben, die dazu dienen, dem Leser ein besseres Verständnis des vorangegangenen Textes und Übung im Umgang mit komplexen Zahlen zu vermitteln. Die Aufgaben werden alle ausführlich vorgerechnet. Text und Aufgaben werden außerdem durch Abbildungen ergänzt.

In der Reihe der Demmig-Bücher zum Lernen und Repetieren sind erschienen

MATHEMATIK GRUNDLAGEN

- Mengen und Zahlen
- Vom Zählen bis zur Gleichung 1. Grades
- Vom Punkt bis zum Kreis
- Gleichungen von Kreis, Ellipse, Hyperbel und Parabel
- Arithmetik und Algebra

MATHEMATIK REPETITORIEN

- Differentialrechnung
- Integralrechnung
- Differentialgleichungen
- Funktionen mehrerer Veränderlicher Teil I
- Funktionen mehrerer Veränderlicher Teil II
- Vektorrechnung Teil I
- Vektorrechnung Teil II
- Komplexe Zahlen Teil I
- Komplexe Zahlen Teil II
- Matrizen und Determinanten
- Aufgabensammlung Teil I
- Aufgabensammlung Teil II

MATHEMATIK ALLGEMEIN

- Der große Fermatsche Satz

DATENVERARBEITUNG

- Programmieren Teil 1
- Programmieren Teil 2

MECHANIK GRUNDLAGEN

- Statik
- Elastizität und Festigkeit
- Dynamik
- Mechanik der Flüssigkeiten

MECHANIK REPETITORIEN

- Statik starrer Körper
- Festigkeitslehre
- Dynamik des Massenpunktes
- Dynamik des Massenkörpers

OPTIK

- Geometrische Optik

TABELLEN

- Physikalisch-Chemische Formelsammlung

Die Bücher sind erhältlich im Buchhandel oder direkt beim

demmig verlag KG **D-6085 NAUHEIM**